ENCYCLOPÉDIE

POPULAIRE,

ou

LES SCIENCES, LES ARTS

ET LES MÉTIERS,

MIS A LA PORTÉE DE TOUTES LES CLASSES;.

L'instruction mène à la fortune
et conduit au bonheur.

ART DE FABRIQUER

EN

PIERRE FACTICE

TRÈS-DURE ET SUSCEPTIBLE DE RECEVOIR LE POLI,

DES BASSINS, CONDUITES D'EAU, DALLES, ENDUITS
POUR LES MURS HUMIDES, CAISSES D'ORANGERS,
TABLES A COMPARTIMENS, MOSAÏQUES, etc.;

DE JETER EN MOULES DES VASES, COLONNES, STATUES
ET AUTRES OBJETS D'UTILITÉ ET D'ORNEMENT;

PAR M. E. PELOUZE,

EMPLOYÉ AUX FORGES ET FONDERIES DE CHARENTON,
AUTEUR DU MAÎTRE DES FORGES.

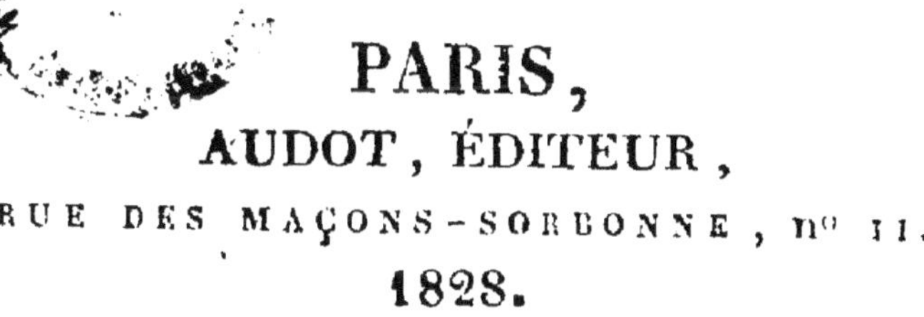

PARIS,

AUDOT, ÉDITEUR,

RUE DES MAÇONS-SORBONNE, n° 11.

1828.

DE L'IMPRIMERIE DE A. HENRY,
RUE GIT-LE-COEUR, N° 8.

AVANT-PROPOS.

—

Que l'annonce d'une pierre factice, égalant en dureté les pierres naturelles, n'étonne personne. L'art de la composer, perdu, ou au moins négligé pendant long-tems, n'en est pas moins de la plus haute antiquité ; c'est à lui que nous devons quelques restes précieux des ouvrages des Romains, qu'il nous est encore permis d'admirer dans leur état de conservation parfaite et d'intégrité. Il paraît même que, chez nos ancêtres, cet art n'a pas été totalement inconnu, et qu'à différentes époques, on s'en est occupé. Les colonnes du chœur de l'église de Vézelay en témoignent. M. de Vauban a reconnu et constaté qu'elles sont de pierres factices; les piliers de l'église de Saint-Amand, en Flandre, offrent irrécusablement les mêmes caractères.

Quant aux travaux des anciens, dans le grand nombre des monumens qui attestent encore l'origine artificielle des pierres qui les composent, il faut mettre au premier rang, parmi les restes d'antiquités que nous offrent surtout l'Angleterre, plusieurs camps des Romains, un amphithéâtre, des vestiges de bains, etc., et surtout les chemins militaires qui traversent en différens sens la Grande Bretagne, et qui servent de fondemens aux chaussées actuelles.

Voilà pour les pays froids et humides. Dans des climats plus doux, l'effet des constructions en pierre factice est encore plus remarquable.

La pyramide de Ninus n'est formée que d'un seul et même bloc; la pierre

carrée qui formait le tombeau de Por-
senna, et qui avait 3o pieds de largeur,
sur 5o pieds de hauteur, a été artificiellement composée de la même manière.

Mais ce qu'il nous importe encore plus
essentiellement de connaître, ce sont les
travaux tout récens exécutés avec le
plus grand succès chez nous et chez nos
voisins. La pierre factice bien composée
et convenablement employée, acquiert
en très-peu de tems la consistance des
pierres naturelles, et en général elle
résiste bien mieux que celle-là à la
gelée. Elle est susceptible, au moyen
de moules, de prendre toutes les formes
qu'on veut lui donner. La coloration
des mortiers qui composent cette pierre,
et le poli qu'elle peut recevoir, lui donnent, à s'y tromper, l'apparence du
marbre, dont on représente les taches,
les veines et les nuances si variées.

Indépendamment des grands travaux

qui s'exécutent aujourd'hui en béton,
pour le compte du gouvernement, principalement dans les ports militaires,
et dont nous parlerons dans un de nos
chapitres, on remarque comme une
chose extrêmement étonnante, la conduite d'eau de Cléméry, construite sur
une longueur de 1650 toises. Cette conduite a été construite par M. le profes-
seur Fleuret pour le maréchal Duroc,
à qui appartenait le château de Cłémé-
ry, situé à deux lieues de Pont-à-Mousson. Dans toute son étendue, elle traverse des terrains humides et fangeux,
des grands chemins, des fossés et des
ruisseaux d'une largeur considérable ;
les tuyaux qui composent la conduite
ont été faits à Pont-à-Mousson, trans-
portés à pied d'œuvre par voiture, posés, rejointoyés et couverts d'eau peu
d'heures après leur arrivée. Tout l'ouvrage est resté d'une solidité parfaite.

Nous donnons les moyens d'en produire de semblables. Quant à la théorie de cette espèce de pétrification, outre qu'elle est encore enveloppée de beaucoup d'obscurité, et que les plus habiles ingénieurs et physiciens qui s'en sont occupés, tels que Messieurs Vicat, le colonel Treussaërt, Hassenfratz, Minard, Raucourt, ne sont pas, à cet égard, parfaitement d'accord entr'eux, nous croyons étranger à notre plan de nous en occuper. L'unique objet que nous ayons en vue, est de populariser en quelque sorte, des résultats constatés, et de voir appliquer au bien-être de la communauté, ceux des savantes recherches qui méritent à leurs auteurs la reconnaissance de tout le monde.

Il est encore un autre mode particulier d'obtenir une espèce de pierre factice; c'est la compression excessivement forte des substances terreuses réduites en poudre impalpable. Ce procédé extrêmement remarquable, fondé sur la loi d'adhérence des surfaces étendues mises en contact immédiat, a fourni à M. Mollerat l'occasion de faire briller son adresse, et d'offrir à la vue étonnée des espèces de pierres ou briques, aussi solides que régulières dans leurs formes.

Mais nous ne nous occuperons pas de ce travail, parce qu'il nous semble loin d'offrir aucune économie, et qu'il nécessite l'emploi de moyens mécaniques aussi coûteux qu'ils sont compliqués.

ART DE CONSTRUIRE

EN

PIERRE FACTICE.

PREMIÈRE PARTIE.

ÉLÉMENS DE LA PIERRE FACTICE.

CHAPITRE PREMIER.

DE LA MATIÈRE DES PIERRES FACTICES.

Substances naturellement combinées.

La meilleure de toutes les pierres factices observées dans ces tems modernes, résulte de la calcination, de la pulvérisation et du gâchage à l'eau, à la manière du plâtre, d'une espèce de caillou qui se rencontre assez abondamment en divers lieux ; cette pierre, connue en Angleterre sous le nom de *ciment-ro-*

main, y est l'objet d'une fabrication très-
étendue. On en expédie en poudre jus-
que dans les deux Indes, ayant soin de
tenir cette poudre enfermée dans des
tonneaux hermétiquement clos. Ce ciment, gâché à l'eau, durcit presqu'in-
stantanément comme le plâtre, mais il
n'est pas de peu de durée comme celui-
ci, et il continue de durcir de plus
en plus, et cela jusqu'à offrir bientôt
la texture et la solidité d'une véritable
pierre. Si la masse qu'on en a préparée
est immédiatement après plongée dans
l'eau, le durcissement est encore plus
marqué.

Voici la composition chimique des
principales variétés de ce caillou:

Carbonate de chaux, ou pierre cal-
caire. . . . . o. 637
Silice. . . . . o. 180
Alumine. . . . . o. 066

Et en outre un peu de magnésie, de
fer, de manganèse; mais ces substances
paraissent être accidentelles, et n'in-
fluent que peu sur les propriétés de la
pierre.

Après le caillou d'Angleterre, dans
l'ordre de bonté, vient celui dit galet de
grève, qu'on trouve assez abondamment

sur le littoral de la côte Boulonaise en France. Son effet est presque égal à celui du ciment romain des Anglais.

Voici ce que l'analyse chimique de plusieurs variétés a offert.

Pierre calcaire. 72
Silice. 12
Alumine 5

Entre Valognes et Carentan, dans le département de la Manche, sur les communes de Blosville, Ravenosville, Sainte-Marie-du-Mont, Houesville, et autres, on trouve aussi de la pierre à ciment. La route de Blosville à Sainte-Mère-Eglise, a été foncée, et elle est continuellement réparée avec des fragmens de cette pierre, que l'on voit dans des carrières qui affleurent presque le sol. Tous les morceaux ont l'aspect cassé; ils sont en général peu volumineux, leurs joints sont rhomboïdaux presque droits. Le tissu de la pierre est serré et ceriforme; elle est dense. Je ne sache pas qu'elle ait été soumise à aucune analyse chimique; mais la propriété éminemment hydraulique (c'est-à-dire celle de durcir dans l'eau) de la chaux que fournit cette pierre par la calcination, est constatée. C'est même une espèce de ciment qui durcit très-promptement et très-fortement à l'air, à un dégré inférieur, cependant, à la pierre d'Angleterre et de Boulogne. Il en a été employé pour les travaux maritimes du port militaire de Cherbourg, dans l'intervalle de 1803 à 1812, d'énormes quantités pour les bétons, et avec le plus grand succès.

Mais pourquoi nous arrêter à des localités particulières, quand il est bien reconnu que presque toute la France offrirait la pierre à ciment plus ou moins parfaite, si l'on se livrait à cet égard à quelques recherches? Partout où le calcaire se rencontre, il a bientôt des limites, mais il est rare, très-rare que ces limites soient brusques, à moins que l'interruption ne résulte de quelque accident géologique. Ce n'est pas là la marche de la nature. Vers ces confins, ou limites, le terrain change progressivement; il passe au grès ou au granit ou au schiste. Or c'est précisément là qu'est la pierre à ciment. C'est au moment où les chaufourniers disent que la carrière n'est plus bonne, qu'elle ne donne plus qu'une chaux plus difficile à cuire et dont l'extinction est lente, avec peu de foisonnement, c'est alors, disons-nous, qu'on en est à ce que nous cherchons. En effet, il est aujourd'hui avéré, toute explication théorique mise de côté, que la pierre à ciment est une pierre calcaire qui contient soit de la silice seule, à un état de grande ténuité, soit de la silice et de l'alumine, soit de la silice, de l'alumine et des oxydes de fer ou de manganèse. Or, partout où la vraie pierre à chaux *faille*, dans le langage du chaufour, on rencontre l'un ou l'autre de ces mélanges dans les carrières.

Pour ne rien dire d'inutile à la classe d'artisans à laquelle nous nous adressons, nous ne leur parlerons pas de faire des essais, des analyses chimiques des pierres qu'ils rechercheront. Qu'ils s'adressent à un chimiste, qu'ils lui portent le caillou; ou bien mieux, qu'ils en fassent cuire quelques-uns à la manière de la chaux; qu'ils les pulvérisent, les gâchent, et qu'ils en voient l'effet.

CHAPITRE II.

DU GISEMENT ET DES CARACTÈRES EXTÉRIEURS AUXQUELS ON PEUT RECONNAITRE LA PIERRE A CIMENT.

La pierre à ciment-romain des Anglais, exploitée avec tant d'avantage par MM. Parker et compagnie, est compacte, à grain très-fin, dure, tenace, susceptible de prendre un beau poli, d'un gris brun. Sa pesanteur spécifique est de 2. 59, l'eau étant 1. 00. On assure qu'elle se trouve en masses tuberculeuses dans des marnes. Elle présente souvent des cloisons minces et contournées, d'une substance cristalline, jaunâtre, translucide. On croyait que la pierre n'existait qu'en un seul endroit de l'Angleterre ; mais depuis quelques années on en a trouvé dans plusieurs lieux, et l'on dit qu'elle est très-abondante. Il est avéré qu'elle ne contient pas un atome de sulfate de chaux.

La pierre à ciment de Boulogne, se trouve sur la côte dans les masses de cailloux roulés qu'on voit partout sur les bords de la mer, et qu'on nomme vulgairement *galet.* Ceux dont on a fait usage, ont, comme tous les autres cailloux roulés, une forme très-irrégulière, plus ou moins oblongue, quelquefois plate; ils ne sont jamais bien gros.

La couleur la plus commune de la surface extérieure de la pierre, se rapproche de celle de la rouille de fer.

Elle est froide au toucher; sa pesanteur spécifique est de 2. 160. Elle est très-dure et très-difficile à briser.

La forme de la cassure est assez variable, ordinairement nette et plate, ou conchoïde, quelquefois raboteuse et striée; les fragmens sont informes, à angle aigu; la nuance de la cassure est d'un fond grisâtre, de couleur rouillée sur les bords; le grain en est très-fin et très-serré, d'une apparence pâteuse; la surface de la cassure est un peu grasse au toucher.

Vue à la loupe, elle montre quelques points brillans, que de bons yeux peuvent y apercevoir sans le secours de verres lenticulaires.

Elle happe faiblement à la langue; la

pointe du couteau y imprime des traces d'un blanc grisâtre; la pierre ne fait point feu par le choc de l'acier, et elle fait une effervescence très-prompte avec l'acide nitrique; il reste alors sur *l'aubier* de la pierre, une teinte de rouille bien prononcée.

Quand cette pierre a été bien cuite, sa couleur extérieure est jaunâtre, quelquefois mêlée de longues taches jaunes et rougeâtres. La pierre est alors devenue douce au toucher sans être grasse, et elle abandonne au doigt une poussière extrêmement fine. La cassure de la pierre cuite est d'un jaune verdâtre, et, dans cet état, elle est encore très-dure, quoiqu'elle sorte du fourneau toute fendillée. Sa densité est de 1.332. Elle a une telle avidité pour l'eau, qu'elle happe fortement à la langue, sans avoir la causticité de la chaux.

Nous nous sommes longuement étendus sur les caractères physiques de la pierre de Boulogne, parce que nous croyons qu'en France elle doit servir de spécimen pour la découverte de beaucoup de pierres, sinon parfaitement identiques, du moins très-analogues : tout fait croire que cette pierre est beaucoup plus commune qu'on ne le pense. On trouve beaucoup de chaux comme celle de Montélimart, de Blosville, de Ravenosville, etc., dont la propriété approche sensiblement de celle du plâtre-ciment, mais qui n'en jouissent pas encore à un assez haut degré; c'est, en quelque sorte, un état intermédiaire entre la chaux propre aux constructions dans l'eau et le ciment naturel.

CHAPITRE III.

DE LA CUISSON DES PIERRES A CIMENT NATURELLES.

LE mode de cuisson de ces pierres, diffère peu de celui que l'on suit pour la chaux ordinaire. La forme des fours doit être la même.

On observera cependant que la pierre à ciment, à raison de la complication de sa composition, est sujette à se fritter, comme tous les mélanges des différentes terres entr'elles : il peut en résulter une chaux improprement appelée *brûlée*, c'est-à-dire des *rigaux*, *marrons* ou *écouteux*, désormais incapables de s'éteindre à l'eau, de s'en imbiber, de se gâcher, enfin. Il résulte de cette considération, la nécessité de conduire le feu avec beaucoup plus de précautions et de lenteur, que dans la cuisson ordinaire de la chaux. Voilà pourquoi nous ne conseillerions pas d'adopter, pour le ciment, le procédé de stratification de la pierre avec la houille, à moins qu'on n'eût à employer une houille de très-faible qualité, telle que celle des houilliers calcaires ; parce que la chaleur locale produite au point de contact par la forte houille, est trop vive, et qu'on n'en est pas assez le maître : mais si l'on avait à sa disposition des escarbilles provenant des usines à fer, ou mieux encore de la tourbe, qui ne donne qu'une chaleur modérée et toujours égale, on ferait très-bien de s'en servir. Autrement, le meilleur chauffage serait celui aux faguettes, ou brindes de genêt, de menus bois.

Tout comme pour la cuisson de la chaux ordinaire, on peut, selon les localités, adopter la calcination dite périodique ou la calcination par continue. Nous ne donnons pas ici la définition de ces mots, parce que nous supposons que les procédés ordinaires de chaufournerie sont familiers à nos lecteurs.

C'est un phénomène assez inattendu que la détérioration qu'éprouve le ciment, quand, au lieu de le pulvériser peu de tems après la calcination de la pierre, on le conserve en gros fragmens. On aurait cru tout le contraire, puisque c'est principalement, à ce qu'il paraît, l'absorption de l'humidité qui nuit à la qualité du ciment : or, les poudres sont, en général, beaucoup plus hygrométriques que les masses. De quelque manière qu'on veuille expliquer cet effet, il n'en est pas moins certain, et les Anglais ont soin de pulvériser leur ciment romain, et de l'embariller immédiatement après la calcination.

CHAPITRE IV.

DE LA PIERRE A CIMENT ARTIFICIELLEMENT COMPOSÉE.

Malgré la fréquence des gisemens de la pierre à ciment naturelle, que l'on

reconnaîtra de plus en plus générale-
ment, et à mesure que l'on multipliera
les recherches à cet égard, il y a cependant des localités qui en resteront pri-
vées : cela tient principalement sans
doute à la section des bancs de calcaire
pur par des montagnes ou collines élevées qui interceptent les points de pas-
sage d'un terrain à un autre. Il faut
donc ici recourir à la composition artificielle.

Puisque la nature chimique du pro-
totype de la pierre à ciment, ou caillou
d'Angleterre, est bien connue; puisque
les propriétés de ses constituans sont
encore confirmées par l'analyse du galet de Boulogne, qui ne s'en éloigne
que peu, pour ce qui est de sa composition intime et de sa propriété durcissante, il semble tout naturel et tout
simple qu'on doive tendre, dans la fabrication du ciment artificiel, à se rap-
procher le plus possible de cette même
composition; et c'est ce que l'expérience a amplement confirmé. Nous
p uvons avec vérité citer à l'appui de
ceci des essais qui nous sont propres.
D'une manière répétée, et toujours
avec le même succès, nous avons re-

composé la pierre de Boulogne et celle d'Angleterre, en réunissant leurs élémens tels et dans le même dosage que les a offerts l'analyse chimique.

Mais tout ceci n'est qu'un travail de laboratoire, qui ne laisse pas que d'offrir bien des difficultés lorsqu'il s'agit de l'appliquer à un cours de fabrication. La première de ces difficultés consiste dans l'exactitude du dosage. Pour des travaux en grand, on n'a pas les ingrédiens dans un état de pureté; il faut les aller chercher dans les composés naturels où ils sont engagés. Pour disposer de la silice et de l'alumine, on ne peut guère, avec économie, se servir que d'argile. Or, où trouver une argile où ces deux terres soient totalement exemptes d'autre mélange, et surtout où elles se présentent dans des proportions exactement semblables à celles requises pour l'imitation parfaite de la pierre à ciment naturelle?

Au surplus, comme il paraît qu'on peut, dans de certaines limites, s'écarter plus ou moins du dosage sans changer notablement les résultats, cette première difficulté n'est peut-être pas la plus grande.

Mais c'est le mélange intime, le contact immédiat des ingrédiens entre eux, qui offre véritablement un grand obstacle à surmonter. Ici, comme dans tous les travaux chimiques, nous retrouvons la vérité de cet adage : *Corpora non agunt nisi sint soluta.* C'est molécule à molécule que les terres réagissent mutuellement. Dans nos essais de laboratoire, nous avons broyé les matières ensemble sur le porphyre, et maintenant nous allons les mélanger grossièrement à la pelle et au rabot. Quelle différence dans le procédé !

CHAPITRE V.

DES MOYENS MÉCANIQUES A EMPLOYER POUR LE MÉLANGE INTIME DES INGRÉDIENS DANS LES TRAVAUX EN GRAND.

Le moulinage de la silice, à moins qu'on ne l'applique seulement à des opérations où l'on recherche plutôt la perfection que l'économie, tel serait le cas du moulage des ornemens fins ou des statues, est un moyen trop dispendieux pour réduire en poudre fine cette terre si dure. Il vaut mieux avoir recours à l'humectation des argiles, à leur délayage dans l'eau, à la décantation de la partie la plus légère qui n'entraîne plus avec elle que de la silice extrêmement divisée et très-fine : le dépôt sableux est rejeté.

En général, les argiles contiennent de 65 à 75 parties de silice contre 35 à 25 d'alumine. Si on les soumet au procédé de délayage et de décantation dont il vient d'être parlé, on peut extraire moitié de cette silice à l'état de sable plus ou moins grossier, et peu susceptible de produire un bon effet dans la pierre à ciment artificielle : reste donc parties presque égales de silice et d'alumine. Ce dosage des deux terres respectivement n'est pas le plus avantageux ; il s'éloigne de la composition de la pierre d'Angleterre et du galet de Boulogne ; il serait à désirer que le dosage de la silice pût être forcé ; mais, faute de mieux, il faut bien se contenter de cette approximation, qui donne encore des résultats, sinon égaux à ceux qu'offre le ciment-romain, du moins très-satisfaisans : cela vaut d'ailleurs beaucoup mieux que de s'exposer à introduire dans la composition un sable grossier qui aurait un très-mauvais effet, principalement en la rendant poreuse.

Quant au mélange de la chaux avec les autres terres, il s'offre deux moyens dont le choix doit dépendre des localités et des circonstances dans lesquelles on se trouve placé. Si l'on a à sa disposition une pierre calcaire tendre, dans le genre des craies, et dont l'écrasement et le moulinage soient très-faciles, on pourra en faire usage directement. Alors l'argile, après sa décantation, sera mise au moulin avec la craie : le tout sera trituré ensemble. Dans le cas même où la craie serait excessivement tendre, telle est celle de Meudon, après l'avoir écrasée, soit sous une meule verticale en pierre ou en fonte de fer, soit sous des cylindres de même matière, on pourrait la traiter avec l'argile décantée dans l'appareil suivant, plus expéditif et moins coûteux qu'un moulin. Cet appareil consiste tout simplement en une espèce de tonneau immobile dont le diamètre est d'environ deux pieds et demi, et la hauteur ou profondeur de quatre pieds. Il y a un arbre en fer placé verticalement dans son milieu, duquel il part, à différentes hauteurs, des branches de bois, formant des rayons qui vont répondre tous à des points différens de la circonférence du tonneau ; ces branches sont armées chacune de six couteaux, dont trois fixés de haut en bas, et trois de bas en haut : ainsi ils sont tous dans une position parallèle à l'axe. Ceux qui sont à l'extrémité des rayons ne laissent pas plus d'une ligne d'intervalle entre le couteau et les parties intérieures du tonneau. Cet axe est entouré par un bras de levier d'environ douze pieds de longueur, à l'extrémité duquel est attaché un cheval qui, en marchant dans le manége, fait agir tous les couteaux dont l'arbre est armé, et qui coupent ainsi en différens sens la craie mise dans le tonneau, et finissent par la réduire en bouillie très-déliée. V. fig. 3.

Mais si l'on était forcé d'employer une pierre calcaire dure, ce moyen ne suffirait pas, et le moulinage serait difficile et coûteux. Dans ce cas, ce qu'il y a de mieux et de plus économique est d'abord de calciner la pierre, et c'est la chaux qui en provient qu'on éteint et qu'on mélange ensuite avec l'argile décantée. On voit que, dans ce cas-ci, il faut deux cuissons pour le ciment, d'abord celle de la pierre calcaire seule, et ensuite celle du mélange. Mais cela peut encore, selon le degré de dureté de la pierre, être le moyen le moins coûteux.

CHAPITRE VI.

DES PROPORTIONS DANS LESQUELLES ON DOIT FAIRE LE MÉLANGE DES INGRÉDIENS POUR LA COMPOSITION DE LA PIERRE A CIMENT FACTICE.

Nous avons vu que le caillou qui donne, par la calcination, le ciment romain si précieux et tant vanté des Anglais, se rapproche beaucoup par sa composition du galet de Boulogne, qui donne aussi un ciment presque égal au premier en bonté. Il s'y trouve environ 64 parties de pierre calcaire sèche, 18 parties de silice et 7 parties d'alumine. Une longue suite d'expériences contradictoires faites en France par divers ingénieurs et chimistes, et qui ont même donné lieu à une assez longue controverse dans ces derniers tems, a mis à peu près hors de doute que la propriété durcissante du ciment tient plutôt à la réaction de la chaux sur la silice et à l'union qui en résulte qu'à aucun mélange d'autres ingrédiens : le fer, le manganèse, à l'état d'oxydes, qu'on rencontre aussi dans ces pierres, la magnésie qui s'y trouve en quantité plus ou moins grande, paraissent n'avoir que peu d'influence sur les résultats. Quelques expériences remarquables semblent même autoriser à conclure que le rôle de l'alumine dans ces combinaisons n'est pas moins nul.

Il résulterait de ces données que si ce n'était la difficulté du broyage de la silice pour l'obtenir en poudre extrêmement fine, telle qu'il la faut pour cette opération, on pourrait se borner à mélanger directement et uniquement la silice avec la pierre calcaire dans la proportion de 18 de la première sur 64 de la seconde, ou sur environ 55 de chaux vive, et à calciner fortement le mélange. Peut-être même que si on avait à sa disposition un moteur puissant et économique, tel, par exemple, qu'un cours d'eau, où un moulin à vent bien situé, on pourrait exécuter avec avantage ce broyage de la silice, c'est-à-dire des cailloux siliceux ou quartzeux, à sec, par le procédé anglais, en recueillant la poudre fine à l'aide de soufflets, comme ils le pratiquent dans la fabrication de leur poterie.

Au défaut de ces moyens, l'on peut employer les argiles lotionnées et décantées comme nous l'avons dit, sans égard à quelques substances étrangères qui les souillent, et qui ne paraissent ni contribuer à la solidité du ciment ni y nuire. On considérera alors l'argile comme représentant la moitié de son poids en silice ; c'est-à-dire qu'à 64 parties pondérales de pierre calcaire, ou à 35 parties de chaux, on unira 36 parties d'argile décantée.

Ce dosage a pour but de se procurer une matière qui s'approche le plus, pour un travail en grand, de la composition qu'on exécute plus exactement, plus rigoureusement dans un laboratoire, et qui imite si bien le ciment romain des Anglais. Mais cette composition artificielle n'a tout l'effet qu'on en attend, qu'autant que le mélange de chaux et de silice a été soumis à une très-haute température, qui probablement favorise la réaction, la pénétration mutuelle, et dispose la masse à solidifier l'eau avec laquelle elle doit être délayée plus tard. En outre, le ciment calciné ne s'éteint pas directement à l'eau comme la chaux ordinaire; il faut préalablement le réduire en poudre très-fine, et il exige pour sa conservation un embarillage très - soigné. Toutes ces causes réunies renchérissent considérablement le ciment. On ne peut donc guère en fabriquer par ce procédé artificiel que pour les besoins des décorations, des vases de jardin, des statues, de quelques terrasses et planchers, qu'on veut à tout prix mettre à l'abri de l'humidité. Mais le grand objet d'un cours de fabrication embrasse la pierre artificielle pour les grosses constructions, les revêtemens des bassins, les tuyaux, les aquéducs, etc. Pour tous ces objets très-pesans et qui emploient beaucoup de matières, il faut chercher un moyen plus économique, et il se présente sans difficulté. La chaux dite hydraulique, qui supporte une forte addition de sable, de ciment de terre cuite, etc., est bien suffisante. Nous allons donc nous occuper de cette nouvelle composition ; mais comme on a remarqué en Europe une multitude d'endroits où la pierre susceptible d'en produire se trouve naturellement, afin d'éviter des recherches ou des frais de fabrication inutiles, nous donnerons préalablement la liste de ces gisemens connus.

CHAPITRE VII.

DE LA CHAUX DITE HYDRAULIQUE, OU DURCISSANT DANS L'EAU, ET DES LIEUX OU L'ON TROUVE LA PIERRE SUSCEPTIBLE D'EN PRODUIRE PAR LA CALCINATION.

PARMI les pierres qui produisent de la chaux propre aux constructions sous l'eau, ou qui gagne à être exposée à l'humidité, on distingue, 1° la pierre de Léna en Suède. Le célèbre Bergmann, est le premier qui semble avoir dirigé l'attention sur les propriétés très-remarquables de cette chaux.

2°. D'Ath, en Tournaisis;

3°. De Millerai, en Savoie.

4°. De Morex, dans le pays de Gex.

5°. Celle des environs de Lyon.

6°. Celle de Brion, en Bourgogne; feu Guyton de Morveau a analysé ces six variétés, et a confirmé la propriété hydraulique qu'on leur attribue dans les pays où on les trouve.

7°. Vient ensuite la chaux des environs de Metz, qui est plus faiblement hydraulique qus les précédentes.

8°. Saussure a indiqué comme très-hydraulique, la chaux de Saint-Gingoulph;

9°. Celle de la côte du Piget.

10°. du Planet, toutes localités de la vallée de Chamouny.

11°. L'ingénieur anglais Smeaton, occupé de la recherche des chaux hydrauliques pour les travaux du fameux phare d'Edystone, dont il était chargé, s'assura de la bonne qualité de la chaux d'Aberthow, dans le comté de Clamorgan.

12°. La chaux de Sénonches, que l'on emploie à Paris avec succès, est légèrement hydraulique.

13°. Dans l'état de Gènes en Italie, on

a la chaux hydraulique de la Sesia.

14°. Celle de Giezo.

15°. de Coceletto.

16°. De Savone.

17°. De Vado.

18°. De Discoverda.

19°. De Saint-Martin.

20°. De Paravissimo.

21°. De Pignoni.

22°. La chaux de Montélimart, en Dauphiné, est hydraulique.

23°. Ainsi que celle Saint-Traille, dans le département de Lot-et-Garonne.

24°. Sainte-Catherine, près Rouen.

25°. Grignon, près de Bourbonne-les-Bains.

26°. Comme nous l'avons dit ci-devant, une grande partie des communes du canton de Sainte-Mère-Eglise, arrondissement de Valognes, département de la Manche, sont couvertes de carrières qui fournissent des chaux hydrauliques éprouvées, et qui se rapprochent même beaucoup du galet à ciment de Boulogne-sur-Mer.

CHAPITRE VIII.

DES DIVERSES COMPOSITIONS DE CHAUX HYDRAULIQUES QUI ONT ÉTÉ TENTÉES, ET DES RÉSULTATS OBTENUS.

Feu Guyton de Morveau est un des premiers qui aient tenté ces combinaisons ; mais, séduit par les idées de l'illustre Bergmann, sur l'influence du manganèse pour le durcissement des chaux dans l'eau, il introduisit l'oxyde de ce métal dans toutes ses compositions.

D'abord Guyton mélangea quatre parties d'argile grise et six d'oxyde noir de manganèse, avec quatre-vingt-dix parties de bonne pierre à chaux réduite en poudre.

Ce mélange ayant été bien calciné, et étant refroidi, il le pétrit en consistance de pâte molle avec soixante parties de silice. Il en résulta un mortier assez fortement hydraulique.

L'inspecteur divisionnaire des mines Hassenfratz fit des mélanges de chaux et de sable siliceux pur, en diverses proportions, c'est-à-dire 1/10, 1/6, 1/4 et 1/3. Il enferma ces mélanges dans des creusets, et les fit exposer au feu de porcelaine de Sèvres. Il observa d'abord que la silice était parfaitement combinée, et que la chaux s'éteignait bien, quoique lentement. Ayant mêlé cette chaux avec deux fois son poids de sable siliceux, ce qui correspond, à peu près à l'égalité de volume de chaux vive et de sable, ou à deux parties de chaux éteinte sur une de sable, il en composa des mortiers

L'ingénieur anglais Smeaton avait trouvé que les chaux grasses, c'est-à-dire s'approchant de l'état de pureté, pouvaient comporter, pour devenir hydrauliques, jusqu'à vingt d'argile pour cent de chaux. M. Vicat a répété ces essais, et il a vu, ainsi que Smeaton l'avait annoncé, que les chaux moyennes ont assez de 0.15, 0.10, et même 0.06 d'argile, pour qu'elles acquièrent la propriété hydraulique, c'est-à-dire, celle de se solidifier dans l'eau. Lorsqu'on force la dose jusqu'à 0.33, et 0.40, la chaux que l'on obtient ne fuse point, mais se pulvérise facilement, et donne ordinairement, lorsqu'on la détrempe, une pâte qui prend corps sous l'eau très-promptement.

D'un grand nombre de travaux ingénieux dont il ne nous est pas même possible de reproduire ici les résultats détaillés, il résulte que la silice seule peut former, avec la chaux, une combinaison éminemment hydraulique, et que la magnésie seule, ou mélangée avec les oxydes de fer et de manganèse, ne peut produire une semblable combinaison, et ne fait qu'amaigrir la chaux sans lui communiquer la propriété hydraulique.

D'autres expériences synthétiques ont prouvé également, en confirmant ces premiers résultats, 1° que l'alumine seule n'a pas plus d'efficacité que la magnésie pour rendre les chaux hydrauliques; 2° que la silice est un principe essentiel de ces sortes de chaux; 3° que les oxydes de fer et de manganèse, loin de jouer le rôle important que quelques personnes leur avaient attribué, sont au contraire, le plus souvent, tout-à-fait inertes.

Divers mélanges de craie et de sable blanc ordinaire ayant été cuits dans un four à chaux, on n'a obtenu que des chaux maigres, mais *non hydrauliques*, et l'on a reconnu que la vingtième partie seulement du sable avait été attaquée et rendue soluble dans les acides.

Mais quand on est venu à substituer au sable en grains, celui de la butte d'Aumont, près Senlis, préparé pour la manufacture de porcelaine de Sèvres, c'est-à-dire réduit en farine sous des meules, la combinaison s'est bien faite, et la majeure partie de la silice a été attaquée. Cette expérience confirme ce que nous avons dit plus haut, et qui a été avancé par MM. John, de Berlin, et Vicat, que, pour que des matières terreuses quelconques se combinent bien avec la chaux, il faut qu'elles lui soient ajoutées à l'état de particules indiscernables. Cela prouve de quelle importance il est que le mélange soit bien intime.

La craie calcinée avec diverses proportions d'oxyde de fer ou d'oxyde de manganèse, n'a produit que des chaux sans consistance, qui se sont comportées comme des chaux grasses non hydrauliques et mélangées de matières inertes.

M. Raucourt de Charlevile, étant employé comme ingénieur des ponts et chaussées aux travaux maritimes de Toulon, a fait une application en grand de ces principes. La pierre à chaux que l'on calcinait dans ce pays, contenait, pour 100 parties, 96 de carbonate de chaux, et 2 de silice ; elle rendait 54 de chaux effective. La terre argileuse que l'on mêlait avec la chaux était composée, sur 100 parties, de 55 de silice, 38 d'alumine, 7 d'oxyde de fer. Lorsqu'on mettait un neuvième de terre, la chaux qu'on obtenait n'était que faiblement hydraulique. Quand on en mettait un cinquième, même un quart, la chaux était très-hydraulique, et faisait corps dans l'eau très-promptement. La proportion qui a été préférée était un sixième.

Deux grands corps de bâtimens furent fondés à 15 pieds sous l'eau ; et d'énormes piliers de cales couverts à plus de vingt pieds, des pilastres, des hangars en bois, des réparations de murs exposés aux flots, un grand mur de quai fondé à la mer, furent autant de constructions variées (faites avec cette chaux factice), dont la solidité et l'économie ont répondu aux avantages extraordinaires qu'on attendait du nouveau procédé.

La possibilité de changer facilement, et à peu de frais, la chaux commune en chaux hydraulique, était donc invinciblement démontrée, et l'emploi des pouzzolanes, toujours si coûteux, dans les constructions des travaux maritimes, devint absolument inutile. L'administration de la marine a admis, sans restriction, que les fondations dans l'eau ne se feraient plus désormais qu'avec des chaux hydrauliques factices. La même décision a depuis été prise par le département de la guerre.

CHAPITRE IX.

MOYENS D'EXÉCUTION.

Quoique toutes les terres argileuses puissent être employées pour fabriquer les chaux durcissantes factices, il est cependant bon de choisir, autant que faire se peut, celles qui contiennent environ 27 d'alumine sur 73 de silice. Quant à l'oxyde de fer, il peut varier sans inconvénient.

En général les terres argileuses sont, au sortir de la carrière, souillées par des pierres et du sable, dont il convient de les débarrasser. Pour cela, on délaie dans de grands tonneaux les terres argileuses; on décante l'eau qui tient l'argile en dissolution; on laisse reposer cette eau décantée; on retire l'eau pure en la faisant écouler par des ouvertures faites à différentes hauteurs dans la cuve; on retire ensuite l'argile précipitée; on la fait sécher, et on la réduit en poudre fine, que l'on passe dans un cylindre en treillis, semblable à celui dans lequel on passe la farine.

Après avoir éteint la chaux, par immersion ou par extinction spontanée, on la passera également au tamis, pour avoir une poudre très-fine, exempte des grains qui ne se seraient pas éteints; ceux-ci sont ensuite pulvérisés par des moyens mécaniques. Alors on mêle la chaux et l'argile par couches successives, selon le rapport dans lequel ces deux substances doivent être dans la chaux factice; on en fait ainsi des tas, ou on les arrange dans des trous; on jette dessus de l'eau en quantité suffisante pour obtenir une pâte molle. Dans le premier cas, on broie le mélange sur le sol avec des rabots, ainsi que cela se pratique dans la façon des mortiers. Dans le second cas, on retire du trou les matières humides et grossièrement mélangées; on les met dans un tonneau armé de palettes, et dont l'arbre est mis en mouvement par un cheval. La chaux, parfaitement mêlée avec l'argile, sort par une ouverture latérale, toute prête à être moulée. Le tonneau peut mêler, en un jour, cinq à six cents pieds cubes. Voy. *fig.* 3.

Comme ce mélange peut être cuit dans deux sortes de fourneaux, soit dans un fourneau ordinaire, soit dans un fourneau à réverbère, la pâte éprouve, pour être soumise à la dessication, deux préparations différentes. Lorsqu'elle doit être cuite dans un fourneau ordinaire, on la réduit en petits cubes, en la plaçant dans une civière faite avec des planches, et composée de neuf à douze cases cubiques. Cette civière reste pleine de chaux pendant 24 heures environ; puis on la transporte dans l'endroit où la chaux doit sécher. On renverse la civière sur des planches, que l'on peut disposer les unes au-dessus des autres, sur des supports destinés à les recevoir.

Si, au contraire, la chaux doit être cuite dans des fourneaux de réverbère, on la transporte sur une aire dressée pour cet usage, exposée au soleil pendant les beaux jours, ou placée sous un hangar pour l'abriter dans l'hiver et dans les tems de pluie. Là on comprime et on aplatit les petits tas que l'on a formés, de manière à leur laisser un demi-pouce d'épaisseur. Bientôt cette chaux se sèche, parce que la terre et l'air absorbent l'humidité qu'elle retenait ; comme elle se fendille en tout sens et se détache du sol, on la rassemble avec une espèce de râteau ou de râble, et on la porte de suite au four.

Le fourneau pourrait être un fourneau de réverbère ordinaire, à deux chauffes, sur la sole duquel on jetterait la chaux avec une pelle, jusqu'à ce que la surface en fût recouverte. On la laisserait ainsi exposée à l'action de la flamme un quart d'heure ou plus, selon la nature de là chaux ou le degré de cuisson qu'elle doit avoir ; après quoi on la retirerait avec un fourgon pour la remplacer par de la chaux nouvelle.

Mais on a imaginé un fourneau (*figure* 4) dont la sole est plus longue. Deux cadres en fer qq, rr, placés l'un au-dessus de l'autre, sont destinés à recevoir la chaux qui tombe par la cheminée $a\,b$. La chaleur et la flamme qui se dégagent du foyer f passent dessus et dessous les plaques, pour s'élever dans la cheminée, par les deux divisions a et d. Dès que la chaux a éprouvé un degré de cuisson convenable, on élève, par le moyen du levier st, les deux plaques q, r, et on les laisse retomber brusquement : par cette secousse vive, les plaques sont bientôt couvertes de chaux qui s'échappe par leur extrémité, et s'écoule dans la partie supérieure **A** pour être retirée par l'ouverture **B**.

Les *figures* 1 *et* 2 présentent un plan et une élévation du moulin à meules verticales usité en Angleterre, pour le broyage du silex. Ce moulin pourrait être, au besoin, appliqué à la pulvérisation des ingrédiens de la pierre factice.

CHAPITRE X.

DEVIS PAR APERÇU DU PRIX COUTANT DE LA CHAUX HYDRAULIQUE ARTIFICIELLE.

C'est M. Vicat qui a donné ce devis approximatif; il en a pris les bases dans la localité de Souillac, département du Lot. Mais chacun étant le maître de substituer à ces élémens du calcul ceux qui conviennent à d'autres localités, on sera toujours à même de reproduire le même devis, avec la même exactitude pour toutes.

Voici comme s'exprime M. Vicat :

« Un four à bois ordinaire, de forme carrée, contient 59 mètres cubes de matériaux ; en plaçant 17 mètres cubes de pierres à chaux naturelles pour former la voûte, et 42 mètres cubes de boules ou prismes à chaux factice par-dessus, on peut faire plusieurs fournées consécutives; et la chaux naturelle de chaque fournée donnera la chaux factice de la suivante. En adoptant les proportions de 100 de chaux en poudre éteinte à l'air, contre 0,20 de terre ar-

PRIX COUTANT

gileuse mesurée aussi en poudre, une fournée coûtera, savoir :

» Fourniture de 17 mètres cubes de pierre ordinaire à chaux commune très-grasse, à 2 fr......   fr. c.   34 «

» *Idem* de 8 mètres 40 cent. de terre à briques, supposée assez pure pour n'avoir pas besoin d'être lavée, à 3 fr.....   25 20

» Façon de 42 mètres de boules ou briques de chaux factice, à 12 fr. le mètre....   504 «

» Fourniture de 50 stères de bois de chêne, à 10 fr.. ....   500 «

« Charge et décharge du four, entretien du feu, 22 journées de maître chaufournier, le tems de la cuisson comptant double, à 3 fr.........   66 «

» Pour *idem*, 68 journées de manœuvres, à 2 fr.......   136 «

Prix d'une fournée.....   1265 20

» Pour obtenir dix fournées consécutives pareilles à celle dont nous venons d'évaluer la dépense, il faudrait en faire onze : la première, que nous ne comptons pas, donnerait le nécessaire pour la préparation de la seconde fournée ;

les dix fournées fourniraient donc 420 mètres cubes de chanx hydraulique, et coûteraient 12,652 francs ; donc le mètre cube de cette chaux reviendrait, prix coûtant, à 5o fr. 12 c. »

La chaux durcissante est d'aulant moins coûteuse qu'elle est plus maigre, parce que ces chaux contiennent d'autant plus d'argile qu'elles sont plus durcissantes, et que, toutes choses égales d'ailleurs, l'argile coûte beaucoup moins que la chaux.

Si, au lieu d'employer de la chaux déjà cuite, on faisait usage de craie tendre, la dépense de fabrication des chaux artificielles en serait de beaucoup diminuée, puisqu'au lieu de cuire, de calciner préalablement la pierre calcaire, il suffirait d'écraser la craie, sous des meules, de la délayer dans de l'eau pour en extraire les pierres et les sables nuisibles, de la faire sécher ensuite, la pulvériser, la mêler avec l'argile réduite en poudre, la découper en forme de prismes, si l'on voulait la cuire dans des fourneaux ordinaires, ou la réduire en petits fragmens, si l'on voulait la cuire dans des fourneaux de réverbère.

C'est ce qu'exécute M. de Saint-Léger, dans son établissement situé près
du pont de l'École-Militaire. Sa chaux
durcissante factice s'obtient d'un mélange de quatre parties de craie de
Meudon et d'une partie d'argile de
Passy. Cette chaux factice se vend en
concurrence avec celle de Sénonches,
la seule que l'on eût encore employée
à Paris. La chaux de Sénonches y re-
vient à 85 fr. le mètre cube, et M. de
Saint-Léger livre la sienne à 60 francs.
Cette chaux est bien supérieure à celle
de Sénonches ; elle se dissout complétement dans les acides, comme cette
dernière, et elle foisonne de 0,65 de
son volume par l'extinction ordinaire,
lorsqu'on en sépare avec soin les morceaux qui échappent inévitablement à
la calcination. Le gouvernement n'emploie plus maintenant, à Paris, que de
la chaux de M. de Saint-Léger, dans
toutes ses constructions hydrauliques,
et il en fait une consommation considérable.

CHAPITRE XI.

DE L'EMPLOI DE LA CHAUX HYDRAULIQUE ET DES DIVERSES SUBSTANCES AVEC LESQUELLES ON PEUT L'UNIR, TANT POUR AJOUTER A SA QUALITÉ DURCISSANTE QUE POUR EN AUGMENTER A PEU DE FRAIS LE VOLUME.

LA chaux hydraulique, bien préparée dans les proportions convenables et requises pour le dosage des ingrédiens, pourrait, à la rigueur, s'employer seule dans les fondations sous l'eau ; elle y prend corps, se durcit, et il en résulte une masse très-solide et très-résistante. Cependant on peut encore ajouter à cette solidité et à la promptitude du résultat que l'on recherche, en combinant avec la chaux hydraulique, sous forme de mortier, et avant de la couler dans les fondations, diverses substances qui, en même tems qu'elles en augmentent la force, diminuent considérablement les frais ; car plusieurs de ces substances coûtent beaucoup moins que la chaux hydraulique elle-même.

Ces substances sont principalement : 1° le sable ordinaire ; 2° le marbre ; 3° la

craie ; 4° la recoupe de pierre dure ;
5° le verre pilé ; 6° la brique, la tuile,
le grès cuit et les gazettes et autres argiles cuites ; 7° la pouzzolane ; 8° le ba-
salte ; 9° le traas ; 10° le machefer, les
scories des hauts fourneaux et des forges ; 11° l'argile cuite, résidu de la dis-
tillation du nitre dans les fabriques
d'eau-forte ; 12° les cendres de bois ;
13° les cendres de houille et de tourbe.

Du Sable.

Les sables, en général, sont composés de silice plus ou moins pure, et en
grains plus ou moins volumineux. A
cause de leur bas prix et de la facilité
de se les procurer abondamment dans
la plupart des localités, c'est la matière
qui nous offre un emploi plus fréquent
avec la chaux.

Tout sable bien cristallin et bien net,
soit qu'il provienne des carrières dites
sablonnières ou du lit des rivières,
paraît également convenable. Quand on
ne peut s'en procurer d'exempt d'argile et de vase, il faut le laver. Nous ne
nous étendrons pas sur cette opération,
que l'on voit journellement mettre en
pratique dans la maçonnerie ordinaire.

Il résulte d'un grand nombre d'expériences que, s'il est dangereux de faire usage de sable imprégné de substances salines pour les constructions à l'air qu'on veut préserver de l'humidité, il n'en est pas ainsi pour les fondations dans l'eau, où les sels ne nuisent pas du tout à la solidité des bétons, si même ils n'y ajoutent pas dans plusieurs circonstances.

Pour les bétons, le sable le plus fin paraît être le plus convenable.

Du Marbre.

Le marbre pilé, uni à la chaux hydraulique, et encore mieux à un mélange en diverses proportions de cette chaux et de sable, produit un très-bon effet.

De la Craie.

Elle produit certainement, en mélange avec la chaux hydraulique, un effet aussi bon, quoique jusqu'ici il soit encore resté inexplicable. Cet effet a une coïncidence remarquable avec les observations de M. Minard, qui a vu que de la pierre à chaux grasse ordinaire, n'étant calcinée que jusqu'au point de conserver encore plus ou moins d'acide carbonique, donnait une chaux vraiment hydraulique.

Roudelet et d'autres observateurs ont confirmé les assertions de Varon et Vitruve, qui déjà avaient fait connaître que, en mêlant et pétrissant ensemble deux parties de craie tendre et une partie de bonne chaux, on obtenait des briques très-solides. L'immersion de ces briques dans l'eau ajoute à leur propriété durcissante; et si, au lieu de chaux grasse, on emploie de la chaux hydraulique, l'effet est encore plus assuré.

De la Recoupe de Pierre.

Celle-ci agit, avec la chaux hydraulique, d'une manière très-analogue au marbre.

Des Verres pilés.

Cette matière ne vaut pas le sable ordinaire, et elle est beaucoup plus chère et d'un emploi plus embarrassant.

Du Ciment de Terre cuite.

Sous cette dénomination, nous comprenons toutes les substances que nous avons indiquées plus haut sous les noms *brique, tuile, grès, cassons de gazettes* et autres *argiles cuites.*

Toutes ces différentes argiles cuites, pilées et passées à travers des cribles plus ou moins fins, ont en général un très-bon résultat étant mêlées aux chaux hydrauliques, mais qui cependant n'est pas tel que beaucoup de constructeurs l'ont annoncé : le haut prix de ce ciment, comparé aux sables, que l'on se procure avec tant de facilité, doit en restreindre considérablement l'emploi. Il ne l'emporte pas assez sur le sable pour qu'on se détermine, excepté dans quelques circonstances particulières, à lui accorder une préférence qu'il faut payer cher.

Jusqu'à ces derniers tems, l'argile la plus cuite, le ciment le plus âpre, le plus dur, avaient été considérés comme les plus efficaces dans la composition des mortiers et bétons. Nous avons trouvé avec plaisir que, d'accord avec diverses expériences qui nous ont été propres dans les travaux maritimes de Cherbourg, celles publiées par M. Vicat ont mis hors de doute que l'extrême cuisson de l'argile n'était pas la condition la plus favorable.

De la Pouzzolane, du Basalte et du Traas.

Nous ne rangeons sous un seul titre ces trois substances, que pour dire qu'elles paraissent également propres à la composition des bétons , avec la chaux hydraulique ; mais que leur prix très-élevé, et la difficulté de s'en procurer dans tous les tems, doit en faire totalement abandonner l'emploi, que la fabrication de la chaux hydraulique elle-même a pour but d'écarter.

Des Laitiers et des Scories des fourneaux.

Il est fort douteux que l'emploi de ces substances offre assez de supériorité sur celui du sable ordinaire , pour en déterminer l'adoption malgré les frais de la recherche et de la pulvérisation.

De l'Argile cuite, appelée Résidu de la distillation du nitre.

Cette substance paraît jouir d'une propriété durcissante très-décidée avec la chaux. Mais l'emploi beaucoup plus lucratif qu'on a appris aujourd'hui à en faire pour la fabrication de l'alun, à la cristallisation duquel elle fournit l'ingrédient nécessaire, en a excessivement augmenté la rareté et le prix. Ce n'est donc plus une matière à notre usage pour les bétons.

Des Cendres de bois, de houille et de tourbe.

On n'a guère encore que des conjectures à offrir sur les résultats plus ou moins avantageux que pourrait offrir l'emploi des cendres dans les bétons.

Il faut avouer d'ailleurs que depuis que l'on connaît bien la fabrication des bonnes chaux hydrauliques, ou que l'on a appris les caractères des pierres qui sont susceptibles d'en procurer de naturelle, l'intérêt que pouvait offrir l'emploi de telle ou telle substance a bien diminué, puisque le sable tout pur convient parfaitement pour les bétons et pour toutes fondations sous l'eau, ou constructions dans les lieux humides.

Dans le chapitre suivant, qui traite de la composition des mortiers et bétons, nous ne nous occuperons donc que du sable, comme matière à unir aux chaux hydrauliques.

CHAPITRE XII.

DE L'EXTINCTION DE LA CHAUX ET DE LA COMPOSITION DES MORTIERS ET BÉTONS.

Le mode d'extinction de la chaux a beaucoup d'influence sur le durcissement plus ou moins prompt, plus ou moins considérable des bétons.

Pour éviter les subdivisions qui occupent trop de place, nous considérerons ensemble ici, les cimens proprement dits et les chaux simplement hydrauliques.

Il est des chaux durcissantes qui sont prises au bout de quelques heures après leur immersion; d'autres qui restent dans l'eau plus de 20 jours avant d'être prises.

Nous avons fait connaître deux espèces de chaux, qui jouissent de la propriété durcissante à l'eau, au plus haut dégré, et que l'on doit quelquefois employer seules et sans mélange d'aucune autre substance; l'une est la chaux à laquelle les Anglais ont donné le nom de *ciment-romain*, et qui vaut à Londres, toute pulvérisée, environ 110 f. le mètre cube; l'autre est la chaux obtenue avec la pierre de Boulogne, et que, très-mal à propos, on a nommée *plâtre-ciment*, car il n'entre aucun plâtre dans cette substance.

Il est nécessaire d'entrer dans quelques détails sur la manière dont on emploie ces chaux. Ces détails pourront être applicables à l'emploi de tous les analogues que l'on pourra découvrir.

Pour employer la chaux anglaise, dite *ciment-romain*, il faut la réduire en poudre, et dans cet état on y ajoute, peu à peu, une très-petite quantité d'eau; car moins il y aura d'eau, plus le mortier prendra de consistance, et plus promptement il durcira. Il faut avoir soin de le broyer et de le gâcher à différentes reprises, à l'aide d'une truelle ou d'une spatule; plus il aura été remué, plus il acquerra de solidité. On ne doit préparer à la fois, que la quantité de mortier que l'on peut employer de suite; car, sans cette précaution, il durcirait, ce qui a lieu au bout de dix minutes ou d'un quart d'heure.

Ce ciment a la propriété de se solidifier presque spontanément comme le plâtre, lorsqu'on l'abandonne à lui-même, soit au contact de l'air, soit au milieu de l'eau, après l'avoir gâché en pâte un peu consistante, et sans qu'il soit nécessaire de le mélanger avec une autre substance. L'eau ne le détrempe pas; il acquiert, au contraire, une solidité plus grande quand il est mouillé ou humide, que quand il est tout d'abord exposé à la sécheresse; enfin, sa dureté s'accroît avec le tems, elle devient promptement égale au moins, à celle des meilleures pierres calcaires. Ces qualités rendent cette matière extrêmement précieuse pour toutes les constructions hydrauliques, surtout lorsque les circonstances ne permettent pas les épuisemens. On en fait aussi un grand usage à Londres, pour crépir les maisons, en guise de plâtre, et pour maçonner les fondations des grands édifices. Il faut, au surplus, beaucoup d'habitude pour être en état de le bien employer: si on ne lui donne pas, en le gâchant, le degré de consistance convenable; si l'on ne se hâte pas de l'étendre et de l'insinuer entre les interstices des pierres; si l'on interrompt le travail, etc.; il se solidifie inégalement, il se gerce, et il adhère mal aux matériaux de la maçonnerie. On ne doit l'employer pur que pour les ouvrages qui sont destinés à résister à l'action de l'eau; mais on peut le mêler avec du sable fin, angulaire, et bien lavé, dans la proportion de 2 parties sur 3 de ce ciment, pour les fondations et pour les corniches exposées à la pluie; et de 3, 4, 5 parties sur 3 de ciment, pour faire des mortiers ordinaires; de 3 parties sur 2 de ce ciment, pour enduire les murs exposés au froid; et de 5 parties sur 2 de ce ciment, pour enduire les murs exposés à la sécheresse ou à la chaleur.

De même que le *ciment-romain* obtenu en Angleterre, le *plâtre-ciment* de Boulogne, lorsqu'il a été bien cuit, se délaie à l'eau, sans autre addition, comme le vrai plâtre. On le dispose circulairement, on fait une fosse au milieu du tas, on y met de l'eau et l'on gâche. L'eau se combine intimement avec la poudre, une partie de cette eau passe à l'état solide en dégageant une quantité de calorique assez considérable, mais moins cependant que la chaux vive pendant son extinction. La matière n'est point ductile, elle se solidifie trop promptement, pour jouir de cette propriété ; comme la chaux , lorsqu'on l'emploie, elle se trouve à l'état caustique. Il faut donc éviter de prendre le ciment avec la main, dont l'épiderme serait rongé. On doit se servir de quelque instrument pour mettre en œuvre cette matière.

Avant d'être mis dans l'eau, et par l'effet seul de la dessiccation à l'air libre, le *plâtre-ciment* acquiert une dureté telle qu'il raie les mêmes corps que la chaux carbonatée, ou pierre calcaire ; l'une et l'autre substances sont de la même dureté ; mais après 24 heures de séjour dans l'eau, le plâtre-ciment est devenu plus dur, il raie la pierre dont il est provenu.

Des tuyaux de quelques millimètres d'épaisseur, et de 4 ou 5 centimètres de diamètre, ont été remplis, les uns d'eau douce, les autres d'eau de mer ; au bout de quelques jours, on les a observés ; on n'a aperçu aucunes traces d'humidité sur la surface extérieure ; le poids des tuyaux était augmenté de celui d'une partie de l'eau qui avait disparu , l'autre partie s'était évaporée.

Des vases fabriqués avec le plâtre-ciment, ont bien tenu l'eau ; mais cette eau dissolvait une portion de chaux vive libre, qui se transformait en carbonate de chaux à la surface du liquide.

Un mélange de recoupes de pierres et de plâtre-ciment, mis aussitôt dans l'eau, y a acquis une telle dureté, après quelques jours, qu'il n'a pu être cassé que par l'effet d'une forte percussion ; la cassure était plane et nette, les pierres mélangées se sont brisées dans le sens de la cassure.

Séché à l'air libre, un prisme de plâtre-ciment de 0.^{m}045 de largeur, 0.^{m}015 d'épaisseur, ne s'est rompu que sous une charge de 4 kilogrammes, suspendue à 0.^{m}05 du point d'appui.

De tout ce qui précède, il est facile de conclure que le plâtre-ciment,

1°. Acquiert en peu de tems la dureté de la pierre ;

°. Qu'il se durcit dans l'eau, et s'y durcit d'autant plus, qu'il y séjourne plus long-tems ;

3°. Qu'il est imperméable à l'eau ;

4°. Que son volume et sa forme sont inaltérables par le foid et la chaleur ordinaires dans nos climats ;

5°. Enfin, il peut prendre un beau poli par le simple frottement de la truelle.

Une voute en plein cintre, toute composée de plâtre-ciment, a été jetée en moule; on y a ajouté, ensuite, les ornemens d'une plinthe et d'une corniche, qui adhérent fortement à la masse. L'eau est le seul intermède pour unir le plâtre-ciment mou, avec la matière déjà sèche et dure; l'eau agit ici aussi efficacement qu'une colle extrêmement forte et tenace.

La plinthe et la corniche ont été façonnées avec le ciseau; le plâtre-ciment peut donc être taillé comme la pierre; on lui donnera aussi telle couleur que l'on voudra, et on l'emploîra avec succès, dans tous les cas où l'on fait usage du stuc et du marbre. On sait qu'il prend un très-beau poli.

De ce que ce plâtre-ciment prend aussi facilement et aussi promptement que le plâtre, et qu'il peut se mouler comme lui, il s'ensuit qu'il peut être employé avec beaucoup d'avantage au moulage des bustes, des statues destinées aux vestibules des maisons et aux jardins. Mais ce qui lui assure d'ailleurs une supériorité décidée, pour tous ces objets, sur le plâtre ordinaire, c'est que, comme celui-ci, il n'est pas affecté par les intempéries de l'air, et qu'il peut résister, absolument comme le marbre, à tous les météores et à tous les accidens des saisons; on peut donc le substituer, dans les jardins, cours, et autres lieux découverts, aux vases et statues en marbre ou en pierre, que l'on y place ordinairement. On peut encore, au sortir du moule, lui communiquer le poli qui distingue le marbre, et même retoucher la statue pendant qu'elle est encore fraîche.

Entre les deux sortes de chaux dont nous venons d'indiquer en détail les propriétés (le ciment romain des anglais et le plâtre-ciment de Boulogne, qui se solidifient subitement comme le plâtre provenant du gypse), et la chaux grasse qui ne se solidifie que lentement et difficilement, il existe un grand nombre de chaux intermédiaires; il en est qui se durcissent également seules et sans mélange, les unes en un jour, les autres en deux, trois jours et plus. Ces chaux, que l'on rencontre dans beaucoup d'endroits, ou que l'on peut fabriquer artificiellement, sont susceptibles d'être employées dans un grand nombre de circonstances et avec beaucoup d'avantage.

Plusieurs chaux très - durcissantes exigent, comme le ciment romain des anglais et le plâtre-ciment de Boulogne, une pulvérisation mécanique, préalablement à leur emploi.

D'autres, jouissant de la même propriété, mais seulement à un degré inférieur, sont suseeptibles encore de fuser, et, par conséquent, elles peuvent être réduites en poudre ou fleur de chaux à bien moins de frais. C'est, comme nous l'avons déjà dit, cette considération qui peut, dans un grand nombre de cas, déterminer à un dosage duquel il résulte plutôt des chaux simplement hydrauliques que de véritables cimens.

En parlant du ciment romain, nous avons suffisamment indiqué le mode de pulvérisation et d'emploi. Quant aux chaux hydrauliques encore susceptibles de fuser par l'effet de l'humectation, ou par l'exposition à l'air, il faut passer au tamis la poudre qui en résulte, et l'imbiber ensuite avec la quantité d'eau qui lui est strictement nécessaire, la mélanger, la travailler et même la battre, comme on fait pour le mortier ordinaire; alors elle prend du liant, elle perd peu à peu de sa mollesse, ses molécules se rapprochent et se réunissent, adhérent entr'elles, soit par l'action de la lame d'eau interposée, ou par toute autre cause; c'est le moment de l'employer dans l'eau, sur la surface des murs et des massifs, ou, comme mortier, pour lier les pierres entre elles.

———

SECONDE PARTIE.

MÉCANISME DE LA MISE EN OEUVRE ET DU MOULAGE DE LA PIERRE FACTICE.

CHAPITRE PREMIER.

DES INSTRUMENS ET OUTILS NÉCESSAIRES POUR TOUTES LES MANOEUVRES EN GÉNÉRAL.

Ces instrumens et outils sont peu nombreux et peu compliqués; ce sont principalement,

1°. Un grand baquet pour contenir l'eau dans laquelle on trempe la chaux.

2°. Un panier d'osier, d'environ 16 pouces de diamètre sur 18 à 19 pouces de hauteur, garni, pour la facilité de la manœuvre, de deux manettes ou anses opposées, par lesquelles deux ouvriers peuvent saisir le panier;

3°. Deux petits paniers plats, semblables à ceux avec lesquels les plâtriers passent le plâtre, et deux tamis en laiton, dont un sera très-fin;

4ᵉ. Une petite caisse en sapin, ou mesure d'un pied cube;

5°. Une auge faite avec des bouts de madriers de chêne de deux pouces d'épaisseur, assemblés par leurs extrémités à queue d'aronde. Cette auge est évasée par le haut. Les angles qui forment intérieurement les parois avec le fond doivent être un peu arrondis ou à pans coupés. On donne à cette auge 3 pieds de longueur sur 20 pouces de largeur par le haut, 18 pouces par le fond, et 18 pouces de profondeur.

C'est dans cette auge qu'un manœuvre, armé de son pilon, corroie fortement le mortier, en aidant à sa force par un levier flexible à l'extrémité duquel est suspendu le pilon par une corde, comme la batte d'un pileur de ciment.

Nous ne parlons ici que de l'appareil le plus simple et le moins coûteux; mais il est évident que dans le cours d'une fabrication considérable, on aurait beaucoup d'avantage à effectuer ce corroi du mortier, par d'autres moyens mécaniques, très-faciles à imaginer.

6°. Une vingtaine de moules de tuyaux, si on ne se propose de faire que des conduites d'eau : mais si l'on voulait fabriquer d'autres objets, il faudrait se procurer les moules relatifs à ces objets ; ce qui est indéfini.

7° Plusieurs pelles en fer, une bêche, quelques seaux, et une couple de brouettes.

<hr>

CHAPITRE II.

PRÉPARATION DE LA MATIÈRE AVANT L'EMPLOI.

—

Dans la première partie de cet ouvrage, chap. XIII, nous avons parlé avec quelques détails de la manière d'employer les vrais cimens, soit naturels ou artificiels, qui ne sont pas susceptibles de fuser avec l'eau à la manière de la chaux qu'on éteint ; nous n'avons donc plus à nous occuper ici que de l'emploi des mortiers faits avec la chaux simplement hydraulique.

On forme sur le pavé, ou aire de l'atelier, un bassin avec deux mesures de sable, dans lequel on renverse une mesure de la chaux hydraulique, après l'avoir trempée dans l'eau. Cette chaux fuse, et on en fait le mélange à sec avec le sable. On forme du tout un tas ; ensuite, on humecte peu à peu la masse, en y jetant l'eau à mesure que deux manœuvres vigoureux broyent les matières. On ne doit donner à ce mélange que l'eau qu'il lui faut pour le rendre grumeleux, c'est-à dire pour qu'il ne paraisse pas plus humide après avoir été broyé, que de la terre que l'on aurait tirée du fond d'une fosse, à trois pieds de profondeur.

Le mortier ainsi préparé, on le porte dans l'auge pour y être corroyé comme nous l'avons dit, jusqu'à ce qu'il soit souple et bien gras ; et lorsqu'on voit qu'il s'attache aux pilons, on le jette dans les moules pour en former les divers objets que ces moules concernent.

L'eau du baquet dans laquelle on trempe la chaux par immersion, se saturant de chaux, devient beaucoup meilleure que l'eau neuve pour humecter le mélange. On peut ajouter aussi à la qualité du mortier, en le saturant dans l'auge avec un peu de chaux réduite en bouillie.

CHAPITRE III.

GROS OUVRAGES EN PIERRE FACTICE ÉTABLIS SUR PLACE.

Première espèce. Construction en moellons et blocages naturels liés par de la pierre factice.

On fait les fondemens en maçonnerie ordinaire, et on élève les murs hors de terre, à la hauteur de 18 à 24 pouces en moellons ou pierres de taille. Les angles saillans sont également construits en pierres ou en briques dans toute la hauteur du mur.

Quant à la maçonnerie de cailloutage ou de blocage, voici comme on la forme : On construit l'encaissement qui sert de moule au mur. Ce moule est composé de deux grands panneaux et de deux petits. Le grand panneau est un assemblage simple de planches jointes à languettes et rainures et blanchies des deux côtés, afin que le mortier s'y attache plus difficilement. Ces planches sont entretenues par cinq barres ou parfeuilles posées et clouées en travers sur un même côté ; deux de ces parfeuilles aux extrémités, et les trois autres entre ces deux et à distance égale entre elles. Le petit panneau ou closoir sert à régler l'épaisseur du mur quand on le commence : placé entre les extrémités des grands panneaux à la tête du mur, il y est maintenu et serré. La longueur des grands panneaux est de douze pieds, leur largeur de trois pieds trois pouces. Le closoir a aussi trois pieds trois pouces de hauteur ; sa largeur se règle sur l'épaisseur qu'on veut de mur, dont il représente le profil avec son fruit. Il demeure dans la même situation et avec la même largeur pour tous les pans d'une même assise ; mais il ne peut servir à ceux d'une seconde qu'après avoir été altéré, de même que pour ceux d'une troisième, et ainsi de suite pour toutes les autres, afin que le mur conserve le même fruit dans toute sa hauteur.

Les fondemens et le soubassement étant achevés de cette manière, on plante, dans le terrain, des perches ou chevrons placés de chaque côté du soubassement, à deux pouces ou deux pouces et demi de distance de celui-ci, et espacés de trois pieds en trois pieds.

Les chevrons étant plantés autour du soubassement, les ouvriers placent les panneaux de façon qu'ils posent bien horizontalement contre le mur, qu'ils embrassent de trois pouces par le bas dans toute leur longueur. Tandis que deux manœuvres les soutiennent ainsi, les maçons posent, sur les panneaux, des étrésillons, de manière qu'ils correspondent aux parfeuilles qu'ils serrent fortement, les chevrons ou perches au moyen de brides, en observant soigneusement, avec leur plomb, que l'encaissement soit placé de la manière la plus convenable. Les étrésillons servent à entretenir les panneaux parallèlement entre eux, et à régler l'épaisseur du mur, afin qu'elle soit égale partout.

Si l'on s'aperçoit que l'encaissement ne joigne pas bien partout contre le mur, on chassera, entre les perches et les panneaux, des coins en bois de sapin ; et si les perches n'ont pas assez de grosseur pour soutenir l'effort que les coins font contre elles, on les soutiendra en leur appliquant des étais.

L'encaissement placé ainsi, on commence les paremens du mur en posant un rang de cailloux cassés en deux, et dont la face de la cassure touche aux planches qui forment les parois de l'encaissement. On les maintient dans cette situation avec du mortier que l'on pose avec la truelle en le pressant, pour remplir bien exactement tous les joints. Lorsque l'on en a posé plusieurs rangs les uns sur les autres, jusqu'à la hauteur de cinq à six pouces, dans toute la longueur des panneaux, des deux côtés, on remplit l'entre-deux des paremens, par couches alternatives, de mortier et de cailloux, que l'on massive avec des battes ou pilons. Il faut que le mortier, préalablement battu dans l'auge comme il a été dit ci-devant, soit gras et non trop liquide.

Pour démonter le moule et le changer de place, les maçons et les manœuvres s'aident mutuellement, et voici comme il faut qu'ils s'y prennent. Deux manœuvres, placés sur la maçonnerie, retiennent de chaque côté les panneaux par leurs manettes, afin qu'ils ne se renversent pas. Les maçons relâchent en même tems les perches en déliant les cordes; tous ensemble font glisser les panneaux et les resserrent de nouveau, en observant le même ordre et les mêmes précautions que pour l'opération précédente. Chaque assise s'appelle une *branchée*, et c'est ainsi que l'on doit les former toutes successivement dans toute l'étendue du bâtiment.

Les murailles qui sont faites suivant les procédés que nous venons d'indiquer sont si compactes et prennent une si grande consistance, que, peu de tems après leur construction, elles sont indestructibles.

CHAPITRE IV.

CONSTRUCTION DES TERRASSES QUI RECOUVRENT LES BATIMENS.

Les terrasses offrent de grands avantages. Elles réunissent l'agrément et la commodité à l'économie ; car elles permettent de supprimer les combles qu'elles remplacent : on soulage par-là d'ailleurs les bâtimens d'un fardeau considérable et très-coûteux, et elles donnent à l'ensemble un air plus noble et qui satisfait mieux le goût. Elles éloignent le danger du feu et de la pourriture des bois, et elles procurent des promenoirs agréables qui permettent la communication d'une partie d'édifice à une autre.

On forme les terrasses par lits successifs de matériaux de même espèce, en observant le procédé de la massivation. Les matières qu'on emploie à leur superficie doivent être pulvérisées et passées par un tamis demi-fin.

Pour ajouter encore à la légèreté des terrasses, sans rien leur ôter de leur solidité, on peut en composer la masse principale de briques creuses ou cylindres en pierre factice liés et réunis par mortier de même composition.

Il n'y a, au surplus, que peu de différence entre la construction des terrasses et celle des pavés simples dont il va être question dans le chapitre suivant.

CHAPITRE V.

DES PAVÉS SIMPLES ET DES PLANCHERS.

La pierre factice l'emporte de beaucoup sur la pierre naturelle, tant du côté de l'agrément que de celui de la solidité et de la salubrité, dans la construction des pavés ou planchers, aux rez-de-chaussée des maisons et dans tous les lieux humides.

Pour l'établissement d'un plancher sur la terre, au rez-de-chaussée d'une maison, soit dans une salle à manger ou vestibule, soit dans une cuisine ou corridor; mais particulièrement dans une laiterie, ou chambre de bains, où cette construction convient parfaitement, vous ferez creuser le sol d'environ quatre pouces, et, après l'avoir battu avec des pilons pour le raffermir, vous poserez sur le fond un lit de petites pierres dures ou de cailloux, sur lequel vous répandrez une couche de mortier préparé. Cette couche de mortier ayant environ un pouce d'épaisseur, vous la couvrirez de cailloux ou fragmens de pierres dures, mêlés de tuilots concassés, placés tout près les uns des autres et de façon qu'en les battant avec des pilons, le mortier remplisse exactement tous les intervalles, sans y laisser aucun vide. Après avoir fait battre et massiver des lits de cailloux et des lits de mortier posés successivement les uns sur les autres, jusqu'à un demi-pouce près du niveau du rez-de-chaussée, vous formerez la superficie du plancher d'une couche de mortier composé d'une partie de chaux hydraulique et de deux parties de sable bien net et bien fin. Ce mortier, bien corroyé et battu dans l'auge, comme il a été dit, doit être fortement massivé avec des battes à main, afin d'aplanir la superficie du plancher, qu'il faut battre deux fois le jour jusqu'à ce que la batte n'y laisse plus aucune marque; ce qui dure quelquefois trois ou quatre jours. On peut facilement donner un beau poli à cette surface, en la frottant fortement avec un caillou; ce qui resserre le mortier, en fait disparaître toutes les crevasses, et empêche qu'elles ne reparaissent dans la suite.

Si l'on veut représenter des carreaux sur ce pavé, on y marquera les joints au moyen d'un cordeau bien tendu, sur lequel on frappera avec une batte. L'empreinte que laissera le cordeau remplira parfaitement l'objet cherché. Huit jours après que le plancher sera fini, et même plus tôt, on pourra sans danger y marcher.

CHAPITRE VI.

DES TRAVAUX A EXÉCUTER EN PIERRE FACTICE DANS UN ATELIER.

—

1°. *Des Tuyaux pour Conduites d'eau.*

Pour fabriquer ces tuyaux, on sé sert d'un moule (*fig.* 9) composé de trois bouts de madriers de sapin *a a*, *b b*, *c c* (*fig.* 12, 13 et 14), de chacun quatre pieds de longueur; de deux autres petits bouts de madriers de bois de chêne *d d* (*fig.* 9 et 6), qui, étant assemblés à coulisses avec les premiers, forment ensemble une caisse qui, intérieurement, a quatre pieds de long et huit pouces en carré, traversée par un cylindre de bois de chêne ou de noyer *e e* de six pieds de longueur et trois pouces de diamètre. Les dimensions peuvent varier. Celles que nous donnons ici sont relatives à des tuyaux de quatre pieds de long sur huit pouces de grosseur et trois pouces de diamètre intérieurement.

Le canal du tuyau *m*, *m* (*fig.* 11),

formé par le cylindre *ee*, ayant trois pouces de diamètre, est élargi à chacune de ses extrémités dans la profondeur de deux pouces, sur un diamètre de quatre pouces qui s'évase un peu vers le bout du tuyau, comme on le voit en F, et forme, avec le canal, une petite retraite G de six lignes, comme l'expriment les *fig.* 8 et 11 en *g*, *g*. Ces élargissures ont pour objet le jointoiement des tuyaux, comme on le verra ci-après.

Pour former ces élargissures, on a adapté au cylindre deux anneaux de bois dur, dont un est fixé et attaché au cylindre en *i* (*fig.* 10). L'autre anneau est mobile; mais on l'arrête en *h*, quand il est nécessaire, au moyen d'une broche de fer qui le traverse avec le cylindre, comme on peut le voir dans la *fig.* 8. On voit encore le profil de cette pièce qui s'emboîte dans la pièce *d* (*fig.* 8); elle est également représentée en face, jointe à cette même pièce *d* (*fig.* 6).

Les deux côtés du moule *a a*, *c c*, et le fond *b b* (*fig.* 9) présentent leur face intérieure, et font voir les coulisses et les rainures qui servent à leur assemblage, et les profils k, k, k de chacune de ces pièces. Pour faire les angles coupés des tuyaux, ou petites faces m, m (*fig.* 11), on attache, sur le bord inférieur des madriers aa, cc, joignant le fond bb, une tringle nn, dans la longueur du tuyau. Ces tringles s'enclavent dans les rainures du fond., comme on le voit en oo (*fig.* 6). Ces trois pièces réunies reçoivent dans leurs coulisses les deux pièces d, d, percées d'un trou dans lequel s'emboîtent les deux anneaux dont le cylindre est garni.

La *fig.* 8 fait voir la pièce d, placée dans les coulisses, des côtés et du fond du moule. La *fig.* 9 représente le moule vu par-dessus, avec le cylindre en place et garni de ses deux anneaux.

Cet assemblage devant résister à l'effort de la massivation du mortier, on le maintient solidement par deux liens de fer p, p et des coins q, q (*fig.* 8). Ces liens sont placés aux endroits qui répondent aux coulisses qui reçoivent les pièces d, d, parce que c'est là où le moule est le plus fatigué quand on fait mouvoir le cylindre. Le moule, ainsi armé de liens de fer, et placé sur des chevalets r, r, r, est prêt à recevoir le mortier. On prépare d'avance ce mortier, comme il a été dit; on le corroie fortement et longuement dans l'auge, chose très-essentielle. Un manœuvre le porte dans le moule pour y être étendu par lits successifs d'environ deux pouces d'épaisseur, posés les uns sur les autres, en observant de bien massiver chaque lit jusqu'à ce que le cylindre en soit bien garni.

Le cylindre laissant peu d'espace entre lui et les côtés du moule, on ne peut bien massiver le mortier qu'en se servant d'un outil appelé *piloir*; il est fait avec une barre de fer plat coudée, d'environ dix-huit lignes de largeur sur trois ou quatre lignes d'épaisseur; sa longueur, entre les coudes, est d'un pied; il est garni de deux manches, dont la hauteur est d'environ quinze pouces.

Le moule étant rempli de façon que le mortier forme comble d'environ un pouce au-dessus de ses bords, comme on le voit dans les *fig.* 8 et 9, on tourne le cylindre en lui faisant faire plusieurs révolutions, et pour en faciliter le mouvement, on se sert d'une cheville *a c*, *a e*, *fig.* 8, afin que le mortier s'arrange autour du cylindre, sans y laisser aucun vide, et pour y amener le fluide du mortier qui forme une espèce d'enduit vernissé et très-dur, sur toute la superficie du canal.

Le mortier, après avoir été battu et massivé dans le moule, comme on vient de le dire, est encore compressible; et pour le serrer davantage encore, on pose par-dessus un bout de madrier v, bien dressé et coupé de manière qu'il laisse entre ses bords et ceux du moule, une ligne de jeu, comme le laissent voir les figures.

Pour donner plus de force au madrier v, ou pièce de compression, on lui adapte deux autres petits bouts de madrier en bois de chêne x, solidement cloués par-dessus. On serre sur le mortier cette pièce de compression, au moyen de deux brides y, y, *fig.* 8, les extrémités de ces brides sont percées de façon à pouvoir y faire passer une clavette z, que l'on ôte quand on veut démonter le moule.

La pièce de compression v étant placée sur le mortier, on pose les brides y, y, sur les barres x, comme en   . On met la clavette z, qui joint les deux branches des brides et qui en empêche l'écartement au moyen d'un talon j, j, qu'on a pratiqué à chacune de ses extrémités, comme le montrent les figures ; on soulève ensuite la bride jusqu'à ce que la clavette touche le dessous du moule ; on pose les coins s, t, on les serre, le mortier se comprime et l'on tourne le cylindre pour la seconde et dernière fois jusqu'à ce qu'on le retire du moule.

Le tuyau étant comprimé, on ôte les coins s, t, et la clavette z; on enlève les brides y, y, et le madrier v; ensuite un ouvrier passe et repasse sa truelle sur le tuyau pour l'aplanir tandis que le mortier est encore tout frais : trois ou quatre heures après, le mortier ayant déjà pris une certaine consistance, on retire le cylindre après l'avoir dégagé de la broche de fer h, et de la cheville a c, qui avoisine ladite broche. Voyez les fig.

Le tuyau ainsi achevé, on le laisse encore dans le moule pendant quelques heures avant de vider celui-ci, afin que le mortier ait le tems de se resserrer et de prendre assez de consistance pour pouvoir conserver la forme que le moule lui a donnée lorsqu'on l'en fait sortir. Le sol sur lequel on place les tuyaux à côté les uns des autres, ayant d'abord été bien aplani, on répand du sable par-dessus, on en forme un lit d'environ un pouce d'épaisseur, qu'on a soin d'égaliser avec un bout de latte ou avec une règle, afin que toutes les parties du tuyau posent sur le sable.

Pour vider un moule, deux ouvriers le saisissent par les bouts, le portent dans l'endroit où l'on veut déposer les tuyaux. Ils posent d'abord le moule sur un de ses côtés, le renversent en le mettant à la place que doit occuper le tuyau, de façon que le fond du moule se trouve par-dessus, et puis ils le traînent dans le sens de sa longueur, en le poussant et le repoussant alternativement par les bouts, pour lui donner une assiette solide sur le sable, afin qu'il s'y conserve parfaitement droit. Alors on dégage le tuyau du moule, en ôtant les coins q, q, et les liens de fer; on enlève le fond, ensuite les côtés du moule, de même que les pièces d, d. Pour détacher les côtés et le fond du moule, on est quelquefois obligé de frapper à petits coups, avec le manche de la truelle, vers leurs extrémités.

Deux maçons aidés de trois manœuvres , peuvent fabriquer vingt-quatre tuyaux en un jour, c'est-à-dire préparer le mortier, le battre dans une auge, remplir et vider les moules. Aussitôt qu'un moule est vide, un manœuvre a soin d'en nettoyer toutes les pièces, en ôtant avec un couteau et un tortillon de paille, le mortier resté attaché aux parois.

2°. *De la Construction des pierres creuses, ou auges de pierre factice.*

On fait usage de pierres creuses ou auges de pierres de taille, dans les buanderies, les lavoirs et dans les pressoirs ; on s'en sert dans les basses-cours, près les écuries, pour abreuver les bestiaux; dans les jardins pour les arrosemens, et dans toutes les usines. L'usage de ces auges est très-commode dans tous ces lieux; mais l'on est forcé de le restreindre, tant parce qu'on ne trouve pas dans les carrières des pierres d'un volume assez considérable pour en faire d'une grandeur proportionnée au service qu'on en voudrait faire, que parce que la façon en est très-dispendieuse. On peut très-facilement, et à bien moins de frais, y suppléer par le procédé de la pierre actice.

Supposons une auge de 9 pieds de longeur sur quatre de largeur et 2 et demi de profondeur, dont les parois au front six pouces d'épaisseur. On la construit sur un massif de maçonnerie en blocage. Ce massif à dix pieds trois pouces de longueur sur cinq pieds trois pouces de largeur et douze pouces d'épaisseur. C'est sur ce massif dont le dessous est élevé de quatre pouces au-dessus de la superficie du terrain, que l'on établit le moule ou l'encaissement pour faire les parois de l'auge.

Après avoir tracé sur la superficie du terrain, les contours du massif, on creusera la terre à environ dix pouces de profondeur, et on affermira le sol avec des pilons; mais si le fond n'est pas solide et que ce soient des terres rapportées, il faudra nécessairement y poser un grillage de charpente, sur lequel on établira le massif de maçonnerie, parce que le moindre affaissement qui ne manquerait pas de se faire, donnerait à l'auge un ébranlement qui la ferait fendre.

Si après avoir creusé la terre à dix ou douze pouces de profondeur, le fond se trouve ferme et bon, on le couvrira d'abord d'un lit de pierres plates ou de cailloux, ou petites pierres dures arrangées de façon que la terre en soit entièrement couverte; sur ce lit on construira une couche de bonne maçonnerie de chaux hydraulique avec moellons, de l'épaisseur d'environ six pouces; il restera encore quatre ou cinq pouces pour atteindre au niveau de la superficie du fond de l'auge qui fera le dessus du massif; on achèvera cette épaisseur en maçonnerie de blocage, en posant alternativement des lits de mortier hydraulique et de cailloux ou blocailles, que l'on battra fortement avec des pilons, en observant de finir ce massif par une couche de mortier.

Le mortier qu'on emploie ainsi en dernier lieu, et celui qui sera employé pour les parois de l'auge, doivent être très-long-tems corroyés, comme nous l'avons prescrit ci-devant.

Du Moule.

Il est composé, à l'extérieur, de quatre panneaux, dont deux grands pour les côtés de l'auge, et de deux petits pour les bouts. C'est un assemblage simple de planches bien jointes à languettes et rainures. La longueur des grands panneaux est de neuf pieds sur deux pieds et demi de largeur.

Les petits panneaux sont de même largeur que les grands, et leur longueur est de quatre pieds deux pouces six lignes; ce qui fait la largeur de l'auge, plus, les deux épaisseurs des grands panneaux.

Pour maintenir ces quatre panneaux en place, lorsqu'on monte le moule, et contre les efforts de la massivation, quand on construit l'auge, on se sert de quatre châssis, dont deux grands pour les longs côtés du moule, et deux petits pour les deux autres côtés. Ces châssis sont composés de chevrons assemblés à tenons et à mortaises.

Voilà qui fait le moule des parois extérieures de l'auge. Maintenant celui des parois intérieures est un semblable système de châssis, qui ne diffère que par ses dimensions.

Manière de Monter le Moule.

Le massif qui forme le fond de l'auge étant achevé, et le dessus bien aplani, comme il a été dit, on y tracera, avec une pointe de fer ou de la pierre noire, le plan des parois de l'auge ; on hachera légèrement le mortier entre les lignes qui marqueront l'épaisseur des parois, on enlèvera jusqu'à la poussière que la hachure y aura faite, et l'on posera le moule.

On commence par placer les petits panneaux, on place ensuite les grands, en appuyant leurs extrémités sur des tringles adaptées aux petits panneaux et tandis que des manœuvres les soutiendront dans cette position, d'autres ouvriers poseront les grands et les petits châssis autour des panneaux, en les faisant joindre par leurs entailles Au moyen de cet assemblage, aucune pièce ne peut s'écarter ; mais pour mieux maintenir encore l'encaissement dans cette position, on l'y arrêtera par de petits pieux placés aux quatre coins, que l'on enfoncera dans la terre avec une masse.

Pour monter l'intérieur du moule, on posera les quatre panneaux à la place qu'ils doivent occuper ; on les y maintiendra au moyen de traverses. On peut encore, pour affermir le moule d'avantage et fixer exactement la distance des panneaux, qui détermine l'épaisseur des parois de l'auge, épaisseur qui est de six

pouces, employer des bouts de madriers
ou de chevrons qui feront office d'étrésillons.

Construction des Parois de l'Auge.

On répandra dans le moule un lit
de mortier d'un pouce d'épaisseur, sur
lequel on posera un lit de cailloux ou
fragmens de pierres dures, en observant qu'aucun ne touche les panneaux
de l'encaissement. Après avoir battu ce
lit de cailloux avec un pilon, on répandra par-dessus un nouveau lit de
mortier, ensuite un lit de cailloux que
l'on massivera comme le premier, al-
lant toujours de niveau et par lits de
mortier et de cailloux ou blocailles,
jusqu'à la hauteur du mur, en battant
tous les lits de cailloutage ou pierraille
avec un pilon composé d'une masse et
d'un manche. Le manche n'est qu'un
bâton de douze à quinze lignes de grosseur, et de trois pieds quatre pouces
de longueur. La masse est tirée d'un
morceau de bois dur de neuf pouces de
hauteur, équarri sur six de largeur et
quatre d'épaisseur, dont les faces sont
réduites par le haut à trois pouces neuf
lignes, et à deux pouces neuf lignes

sur les côtés. Deux de ses angles sont coupés, et forment deux petites faces d'environ dix-huit lignes, afin de pouvoir battre la maçonnerie aux angles coupés de l'auge.

Quand les parois de l'auge seront élevées jusqu'à deux ou trois pouces des bords de l'encaissement, on se servira d'une batte à main pour massiver les derniers lits du mortier, afin de pouvoir mieux aplanir le dessus des parois.

L'auge étant achevée, on ne démontera le moule que trois jours après; et comme, pendant la massivation, le fluide du mortier s'est porté vers les planches de l'encaissement et qu'il y a formé une espèce d'enduit, il suffira, après avoir démonté le moule, de frotter toutes les parois de l'auge avec du lard qu'on aura fait bouillir, ou avec de l'huile siccative. Ensuite un ouvrier frottera ces parois avec un caillou, en l'appuyant fortement et à diverses reprises.

Nous croyons que les détails dans lesquels nous sommes entrés sur la construction des auges, nous dispensent de parler spécialement de celle des bassins pour contenir l'eau et des citernes. En effet, il ne s'agit guère, pour ces grands réservoirs, que de faire l'application des procédés sur une plus grande échelle.

CHAPITRE VII.

DE L'ÉTABLISSEMENT DES POMPES EN PIERRE FACTICE.

Voici, sans contredit, l'application la plus remarquable comme la plus utile du système des pierres factices.

Le grand usage que l'on fait des pompes dans les villes, dans les campagnes et dans toutes les usines, les inconvéniens des fentes et gerçures auxquelles sont sujets les bois qu'on y emploie ordinairement, et qui, malgré les frettes, les liens et les collets dont on les couvre, les mettent bientôt hors de tout service ; le haut prix des arbres propres à donner des corps de pompes, tout concourt à rendre l'usage du bois pour cet objet très-embarrassant et très-dispendieux.

Les nouvelles pompes construites en pierre factice, une fois bien établies, n'exigent plus aucun frais d'entretien. On les exécute à bas prix; elles ne sont sujettes ni à la pourriture, comme le bois, ni à la rouille, comme la fonte de fer; l'eau s'y conserve toujours bonne et saine; et le plus long séjour ne peut lui faire contracter de saveur désagréable ou de propriétés nuisibles, comme cela arrive avec le bois, le cuivre et le plomb. Les soupapes dont ces pompes sont munies durent de longues années sans qu'on ait besoin d'y toucher; et cependant on aurait la facilité de les changer avec promptitude, et sans jamais être forcé de démonter aucune partie de la pompe.

CHAPITRE VIII.

DES PAVÉS A COMPARTIMENS EN MORTIER COLORÉ, ET DES CARREAUX ÉGALEMENT COLORÉS PROPRES A L'ORNEMENT DES PLANCHERS.

Les carreaux de pierre factice, formés en partie avec des mortiers diversement colorés, et posés à côté les uns des autres suivant le dessin que l'on veut produire, forment des planchers très-agréables, et dont les compartimens, comme ceux de marbrerie, peuvent être variés à l'infini.

On peut, en général, laisser dix lignes d'épaisseur à ces carreaux; savoir : sept lignes de mortier non coloré, et la dernière couche de trois lignes en mortier teint.

Il est commode, pour ce travail, de se servir d'un moule dans lequel on fait à la fois six carreaux de chacun neuf pouces en carré.

Le fond de ce moule est composé d'un bout de madrier de sapin, de cinq pied dix pouces de longeur sur dix-huit lignes d'épaiseur. Il est blanchi, bien dressé et assemblé à languettes et rainures avec deux alaises qui forment saillie de quatre lignes sur le fond, laissant entre elles un intervalle de onze pouces.

Pour former les cases où se mouleront les carreaux, on pose sur le fond deux tringles joignant les alaises, et avec lesquelles s'assemblent par entailles, des traverses ou linteaux. Ces tringles et ces traverses forment sur le fond une saillie de dix lignes, et six espaces de chacun neuf pouces en carré, ce qui détermine la grandeur des carreaux et leur épaisseur. On maintient solidement l'assemblage de toutes ces pièces en serrant les tringles sur le fond avec des sergens. Ces sergens sont attachés deux à deux à une barre de bois dur qui est entaillée à chaque extrémité pour recevoir les sergens; ils y sont contenus par un petit boulon de fer autour duquel ils meuvent dans les entailles de la barre. Cette même barre est encore traversée par deux vis de bois au moyen desquelles on serre les sergens.

Les moules ainsi montés, étant posés sur deux tréteaux, on remplit les cases de mortier non coloré jusqu'à environ trois lignes près des bords en le pressant fortement avec la truelle, et il ne reste plus que la place pour le mortier coloré. Mais pour que le mortier ne s'attache pas au fond du moule, et qu'il s'en sépare aisément lorsqu'on le videra, on pose une toile sur le fond avant d'y poser les tringles et les traverses.

Le mortier incolore étant posé, on

achève de remplir les cases avec du mortier de couleur en le pressant bien avec la truelle et le faisant bomber d'environ une ligne et demie. On laisse le moule dans cet état pendant cinq ou six heures et plus si l'on veut, pour donner au mortier le tems de se raffermir pendant qu'on s'occupe à remplir d'autres moules. Quand le mortier du premier moule est un peu ferme, on le serre dans les cases en se servant d'une presse K K K et d'une pièce de compression, L, fig. 5. Cette pièce de compression doit être de bois dur et avoir la même forme que le carreau sur deux pouces d'épaisseur, en observant de lui donner un quart de ligne de moins en grandeur que la case, afin qu'elle puisse toujours y comprimer le mortier dans le cas où l'on aurait négligé de la remplir exactement. Il faut encore observer que, pour empêcher que le mortier ne s'attache à la pièce de compression, on doit le couvrir d'un morceau de toile ou de peau de la grandeur du carreau.

Aussitôt que le carreau a été comprimé, on ôte la presse K K K, la pièce L et la toile; ensuite on ragrée le dessus en effaçant l'empreinte que la toile y a laissée : on polit le carreau avec un outil de fer aplati des deux côtés et garni d'un manche de bois, ou bien avec une espèce de couteau dont la lame est mince, flexible et aflûtée des deux côtés.

Il est encore avantageux pour le pavé que l'on veut exécuter, que les carreaux soient coupés de biais sur leur épaisseur, parce qu'en le posant, il entre dans les joints des carreaux une plus grande quantité de ciment, le pavé en est plus solide et le posage plus facile et plus régulier.

On peut varier à l'infini les combinaisons de couleurs et de formes des carreaux en montant à part, ou en enlevant à l'emporte-pièce, des sections de carreaux de trois lignes d'épaisseur, que l'on rapportera dans la case, sur l'épaisseur de sept lignes en mortier blanc, et que l'on soumettra également à la presse pour unir toutes les parties.

CHAPITRE IX.

PLANCHERS OU PAVÉS EN PIERRE FACTICE, FAÇON DE MOSAIQUE.

On peut faire des planchers très-agréables et même très-riches, en y employant des mortiers colorés, en y variant les couleurs et les compartimens, qui sont susceptibles d'être diversifiés à l'infini; de cette manière on peut imiter les beaux tapis. Les italiens excellent dans ce genre de décorations.

Pour former un plancher en compartimens avec des mortiers colorés, vous établirez d'abord le massif de maçonnerie en blocaille, que vous élèverez par couches successives bien battues, jusqu'à un pouce et demi du niveau du rez-de-chaussée. Vous poserez ensuite sur ce massif une couche de mortier hydraulique, et vous ferez ensorte que cette couche se trouve réduite à un pouce d'épaisseur après avoir été massivée, et qu'il ne vous reste plus qu'un demi-pouce pour arriver au rez-de-chaussée. Vous formerez cette dernière couche de six lignes d'épais-

seur avec un mortier auquel vous don-
nerez pour le fond du plancher la couleur que vous jugerez à propos, en y
employant des matières colorées et
tamisées. Si c'est un gris-de-perle, vous
composerez le mortier de quatre mesures de poudre de pierre calcaire dans
une mesure de sable fin bien net, une
demi-mesure de noir qui n'est autre
chose que des escarbilles de charbon
de terre pulvérisées et tamisées finement, et deux mesures de chaux hydraulique. Ce mortier préalablement
bien pilé dans une auge, comme il
a été prescrit, vous le poserez et vous
ferez bien dresser la superficie de cette
dernière couche, en la battant fortement pendant plusieurs jours, ou jusqu'à ce que la batte n'y fasse plus aucune marque.

Cinq ou six jours après le dernier
battage, et le plancher ayant acquis
assez de consistance à sa superficie pour
pouvoir y tracer, avec un crayon de
pierre noire, les figures que vous vou-
drez y représenter, vous les ferez des-
siner, et vous les ferez creuser ensuite
d'un demi-pouce, avec un ciseau bien
aiguisé. Les cavités étant bien nettoyées,

vous les remplirez avec des mortiers colorés que vous réduirez en pâte un peu molle, et que vous presserez fortement avec une spatule polie. Quelques heures après vous y reviendrez avec la spatule, en vous appuyant sur les deux mains, et vous y reviendrez toujours de même jusqu'à ce qu'il ne s'y forme plus aucunes gerçures.

Au bout de huit jours, on peut marcher sans inconvénient sur un tel plancher, et six mois après, il est susceptible de recevoir le plus beau poli, en se servant pour cela d'un grès fin passé à l'eau.

On peut encore faire, à l'imitation des anciens, des mosaïques irrégulières, en mêlant dans les mortiers de la dernière couche, des fragmens de marbre de différentes couleurs, ou des morceaux de verres colorés, ou des cailloux naturels, et lorsque ce mortier fortement battu pendant plusieurs jours, aura acquis assez de dureté pour être poli, on y passera le grès.

Des Couleurs à employer dans les mortiers pour carreaux colorés et mosaïques.

Le noir est de l'escarbille de houille,

mêlée aux battitures de fer des forgerons.

On varie les nuances de ce noir, au moyen d'une addition de pierre blanche pulvérisée ; trois mesures de pierre blanche et une mesure du noir donnent la couleur bleu céleste ; avec plus de noir, on a la couleur ardoise ; moins de noir, donne le gris de perle.

Le *blanc* est le produit du beau marbre blanc pilé et tamisé, mêlé à la chaux hydraulique.

Le *rouge de sang*, se donne avec l'ocre brûlée.

Le *rouge aurore*, avec le minium.

Le *jaune*, avec l'ocre jaune.

Le *bleu*, avec le safre.

Toutes les couleurs mixtes résultent du mélange de ces ingrédiens en diverses proportions.

CHAPITRE X.

DES VASES, DES COLONNES, DES STATUES POUR LA DÉCORATION DES JARDINS, DES VESTIBULES, DES SALLES A MANGER ; ET DE LA CONSTRUCTION DES CAISSES POUR ORANGERS ET AUTRES ARBUSTES.

CES divers objets nous ramènent à l'emploi de la pierre à ciment naturelle ou factice, non susceptible de produire, par la calcination, une chaux qui fuse à l'eau, mais qu'on doit, avant de l'employer, pulvériser finement et tamiser.

Le moulage de ce ciment, dont nous avons donné la composition dans la première partie de cet ouvrage, diffère peu, pour ses procédés, du moulage en plâtre. Ce sont exactement les mêmes moules à employer, les mêmes précautions à prendre. Nous ferons seulement observer que notre ciment offre plus de facilité, parce que les différentes parties des objets qu'on en forme sont susceptibles de se souder après coup ; en sorte qu'on peut mouler à part les parties délicates, ou dont le dépouillement se ferait difficilement sur la pièce principale ; d'où l'on voit qu'on est le maître de couler plus dur qu'avec le plâtre, qu'il faut employer très-liquide, afin qu'il pénètre dans les parties creuses, souvent très-éloignées du tronc principal.

Pour souder les pièces en ciment, après leur moulage séparé, il ne s'agit que d'humecter les commissures et de les enduire d'une légère couche du ciment lui-même ; après quoi on peut réparer les bavures, **comme dans le** garnissage de la porcelaine.

Les objets coulés en ciment sont susceptibles de se polir parfaitement sous la dent-de-loup.

Les objets qu'on voudrait couler en couleurs, peuvent être nuancés au moyen de drogues gâchées avec le ciment, comme le font les stuccateurs.

On peut leur donner l'aspect du marbre statuaire, en mêlant au ciment une dose plus ou moins forte de ce marbre pulvérisé demi-fin.

On peut, par le même moyen, imiter l'albâtre gypseux, en employant à cet usage des recoupes pulvérisées de cette substance.

CHAPITRE XI.

PRÉCAUTIONS GÉNÉRALES A PRENDRE POUR LE DURCISSEMENT DES OBJETS MASSIVÉS OU COULÉS EN CIMENT OU MORTIER HYDRAULIQUE.

L'IMMERSION dans l'eau, peu d'instans après la formation des pièces, ou au moins leur humectation prolongée, quand cette immersion ne peut pas être commodément pratiquée, contribuant essentiellement au succès des opérations, il ne faut pas la négliger.

On peut facilement plonger dans l'eau, pendant un tems plus ou moins long, les tuyaux de toute espèce, les vases, les statues, les colonnes, etc.

Quant aux auges, bassins, citernes, etc., il n'y a qu'à les remplir d'eau.

Il n'y a donc guère que les planchers, terrasses, pavés, etc., qui exigent d'autres précautions. La meilleure est de les tenir couverts d'un linge mouillé, mieux encore d'un étoffe de laine épaisse imbibée d'eau; au défaut d'étoffe de laine, on peut étendre sur la toile mouillée, de la paille imbibée, ou de la mousse ; en un mot, toute substance capable de conserver long-tems de l'humidité, et qui puisse éviter le soin de renouveler l'eau.

CHAPITRE XII.

DE L'ENDUIT A DONNER AUX TERRASSES EXPOSÉES A LA PLUIE ET AUX PAVÉS DES CAVES ET AUTRES LIEUX HUMIDES, POUR EMPÊCHER L'INFILTRATION DES EAUX DANS LA PIERRE FACTICE.

LORSQUE les surfaces seront complétement desséchées, une couche de goudron liquide, que l'on couvrirait ensuite de chaux vive tamisée, pour empêcher le poissement, remplirait assez bien cette indication ; mais il y a mieux, et presque à aussi peu de frais : c'est un enduit composé de six parties huile de lin rendue siccative par la litharge, deux parties résine commune, une partie suif, un quart de partie savon dur, et une partie essence de térébenthine. Cette composition s'applique au pinceau, et très-chaude, sur les surfaces qu'on veut rendre absolument imperméables à l'humidité. Pour qu'elle pénètre plus profondément, il est bon de chauffer préalablement la place, en la tenant couverte de cendres chaudes. L'effet de cet enduit est immanquable, et il atteint complétement le but qu'on se propose. On ne peut guère y objecter que l'odeur désagréable qu'il laisse pendant un tems assez long.

TABLE

DES CHAPITRES.

PREMIÈRE PARTIE.

SECONDE PARTIE.

MÉCANISME EE LA MISE EN ŒUVRE ET DU MOULAGE DE LA PIERRE FACTIBE.

FIN DE LA TABLE.

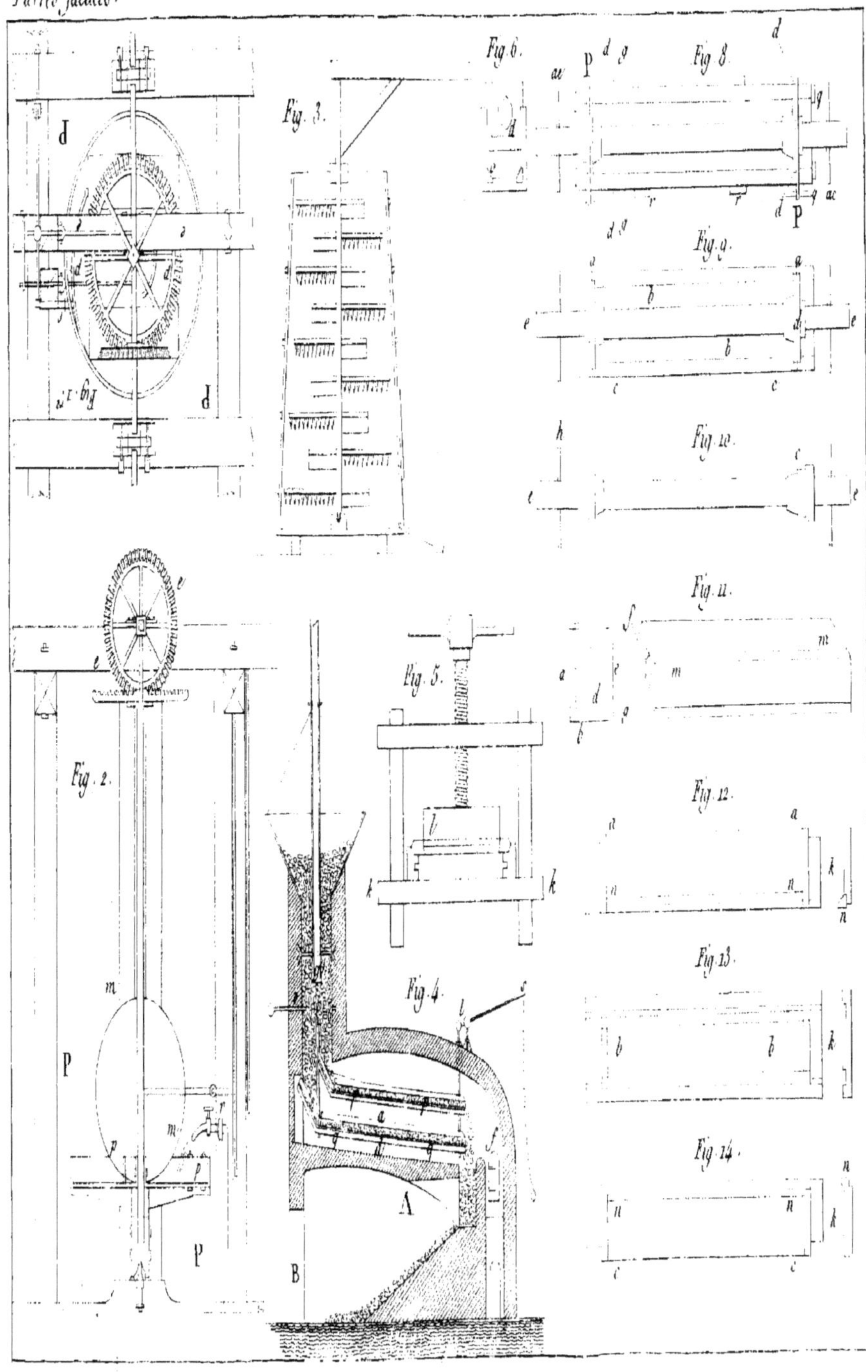
Fig. 1.
Fig. 2.
Fig. 3.
Fig. 4.
Fig. 5.
Fig. 6.
Fig. 8.
Fig. 9.
Fig. 10.
Fig. 11.
Fig. 12.
Fig. 13.
Fig. 14.

www.ingramcontent.com/pod-product-compliance
Lightning Source LLC
LaVergne TN
LVHW021452170726
843501LV00005B/1611